JÜRGEN NEFZGER FLUFFY CLOUDS

JÜRGEN NEFZGER FLUFFY CLOUDS

With an essay by
Mit einem Beitrag von
Avec un essai de

Ulrich Pohlmann

HATJE
CANTZ

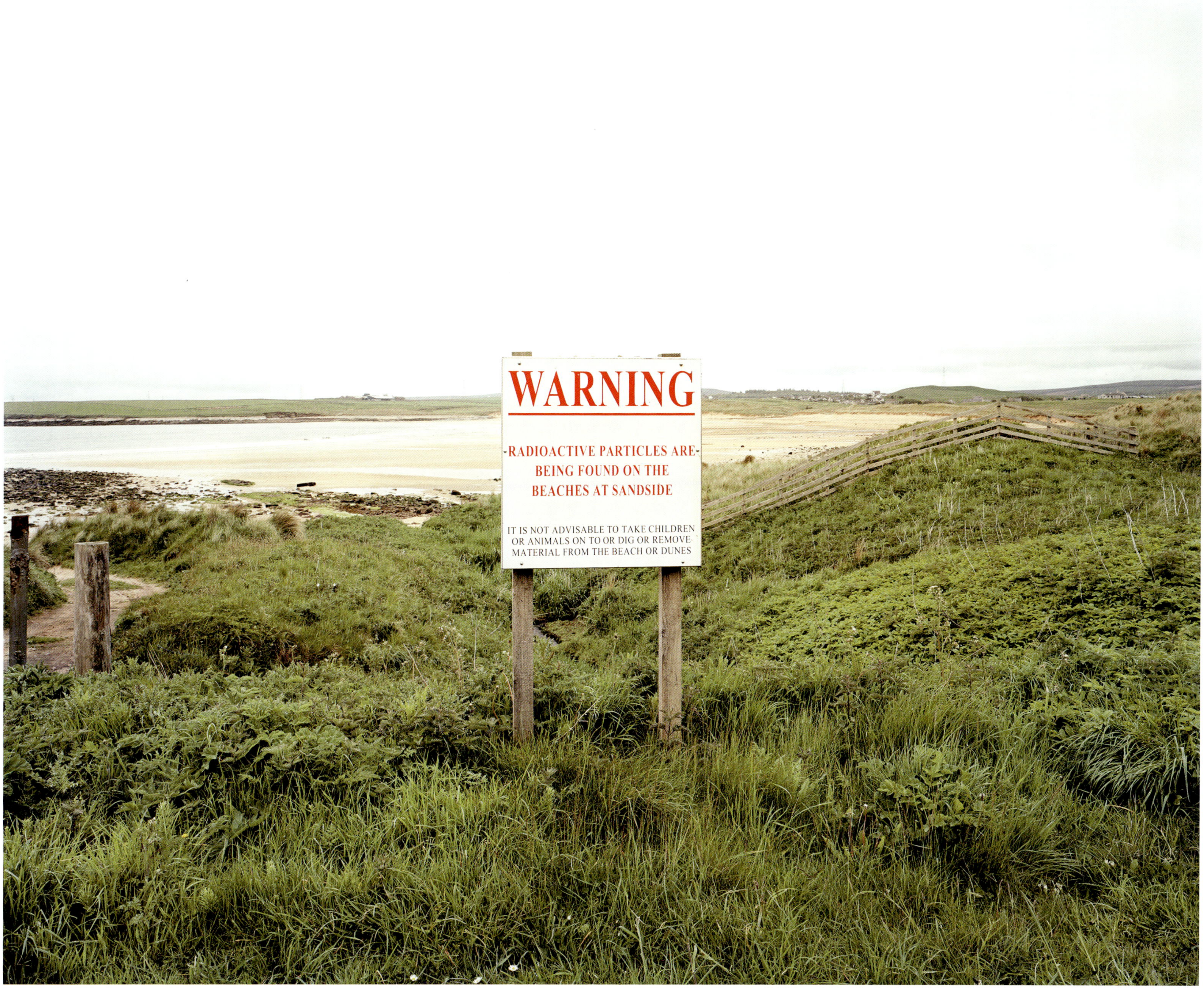
WARNING
RADIOACTIVE PARTICLES ARE
BEING FOUND ON THE
BEACHES AT SANDSIDE
IT IS NOT ADVISABLE TO TAKE CHILDREN
OR ANIMALS ON TO OR DIG OR REMOVE
MATERIAL FROM THE BEACH OR DUNES

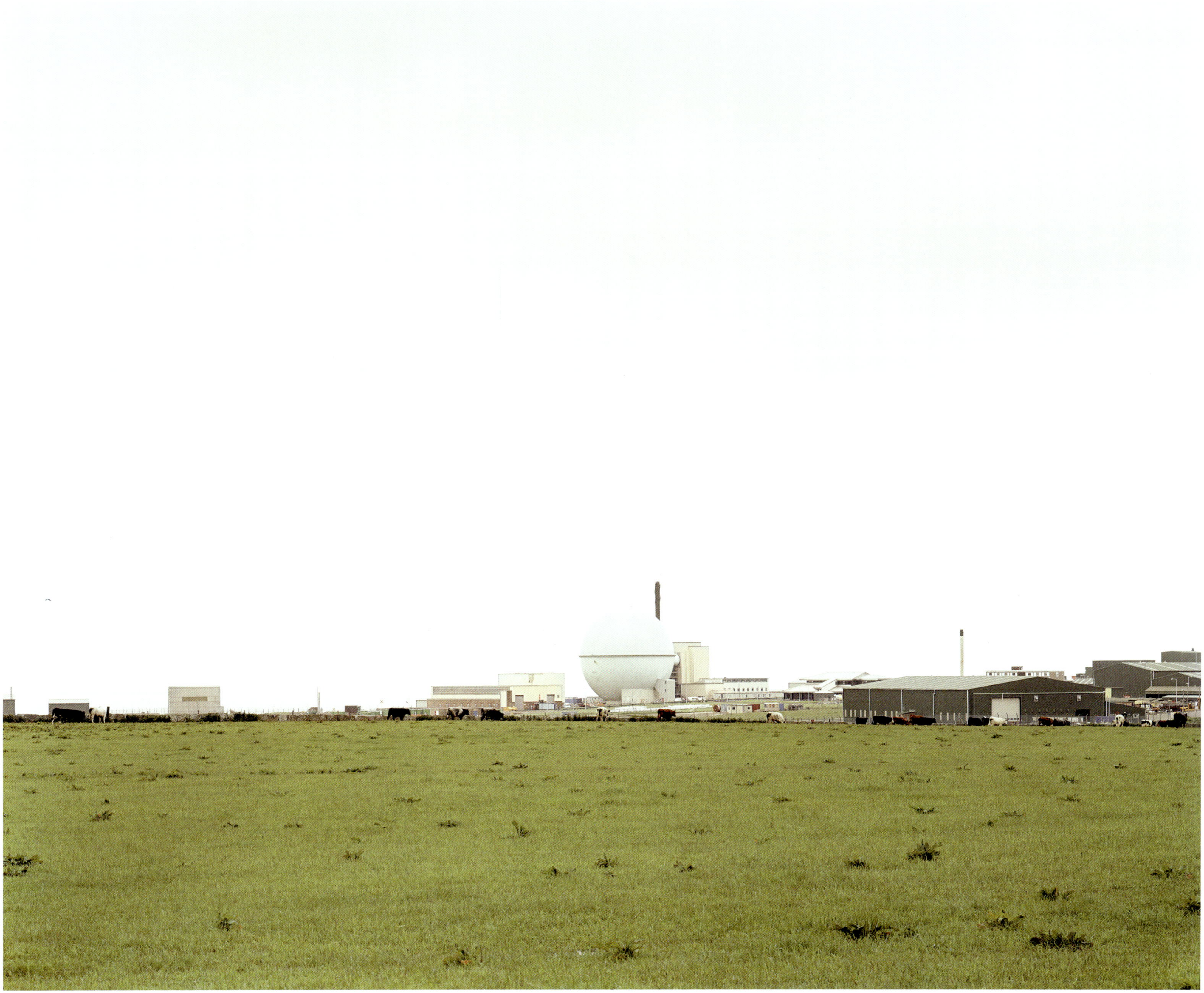

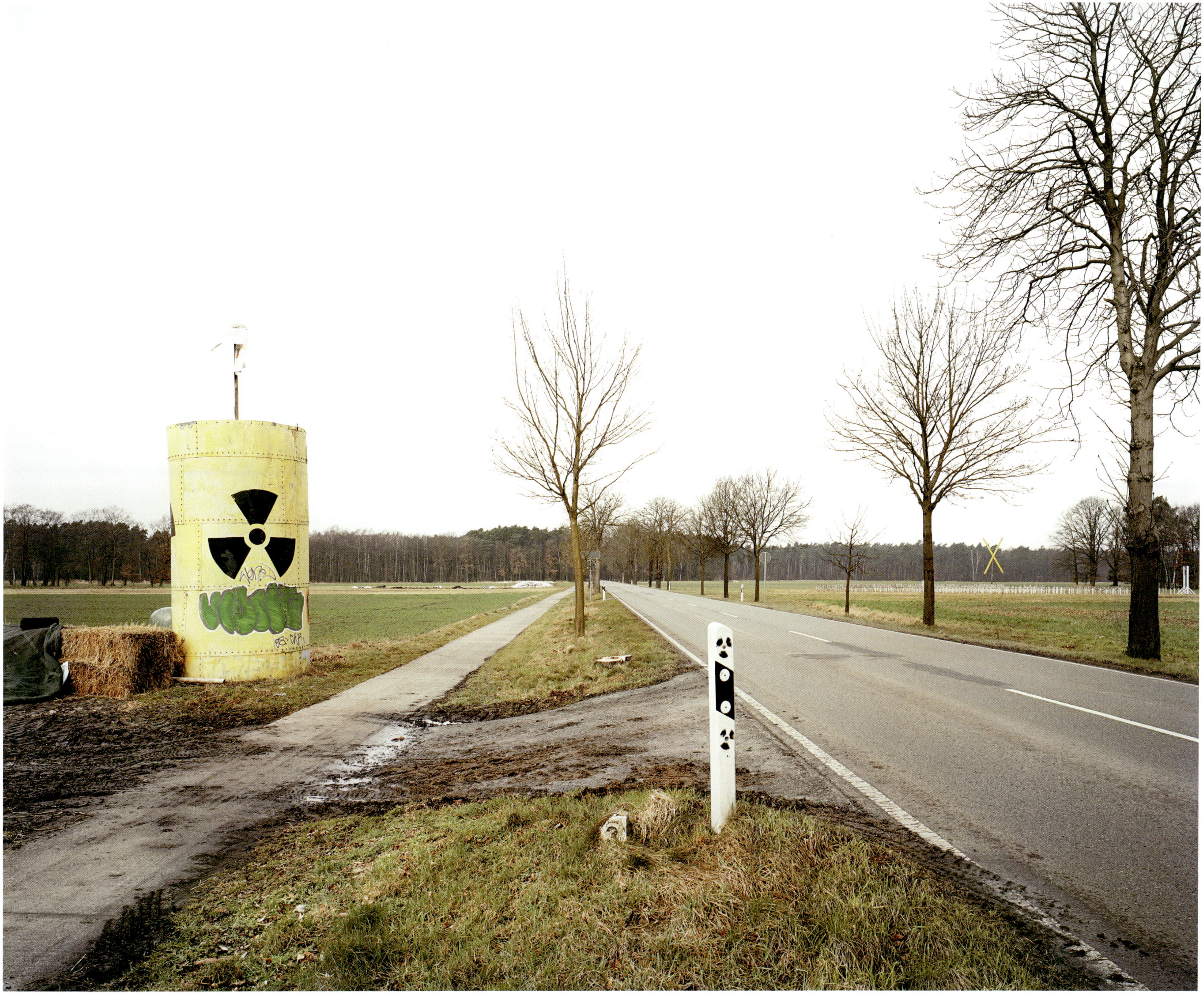

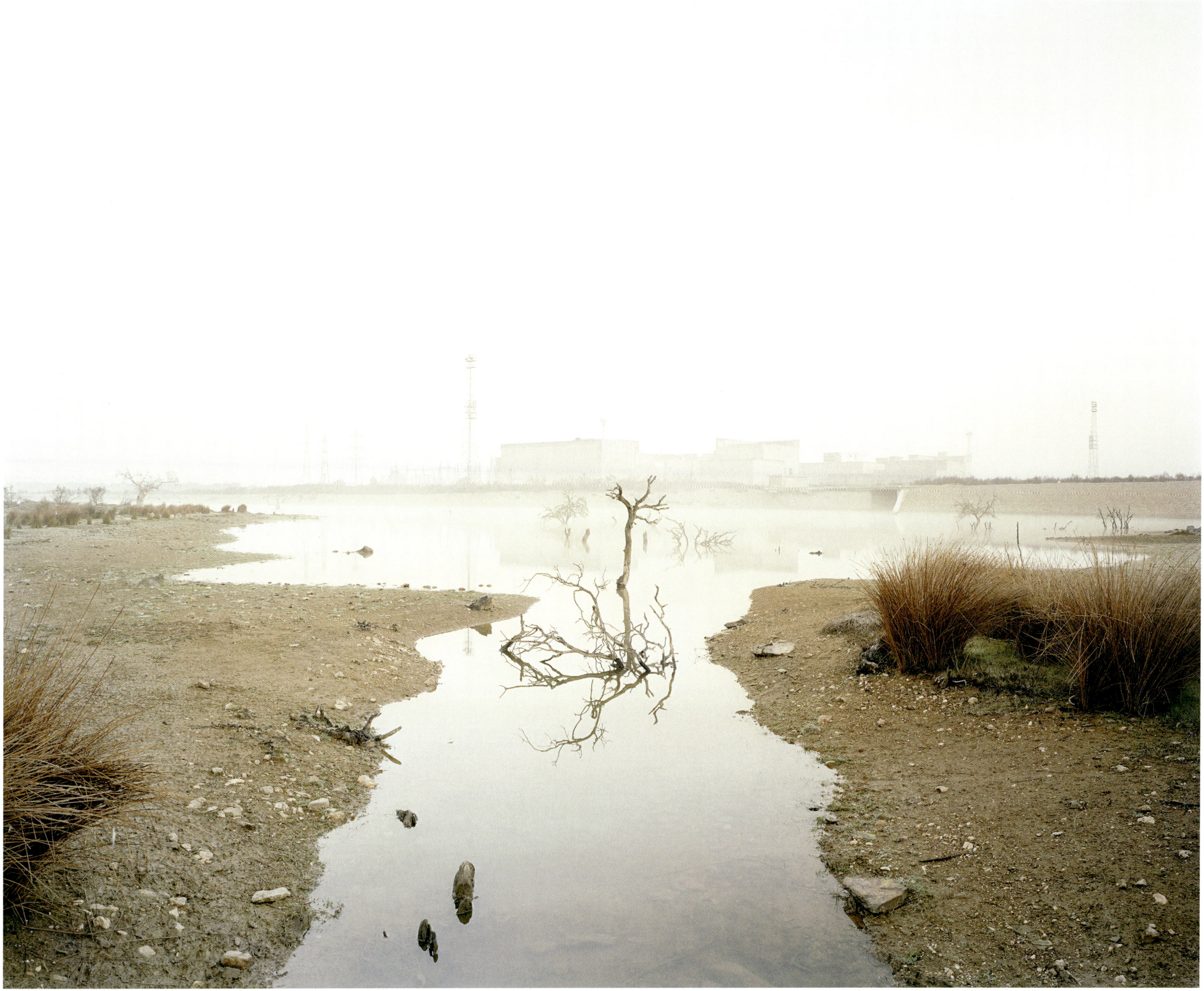

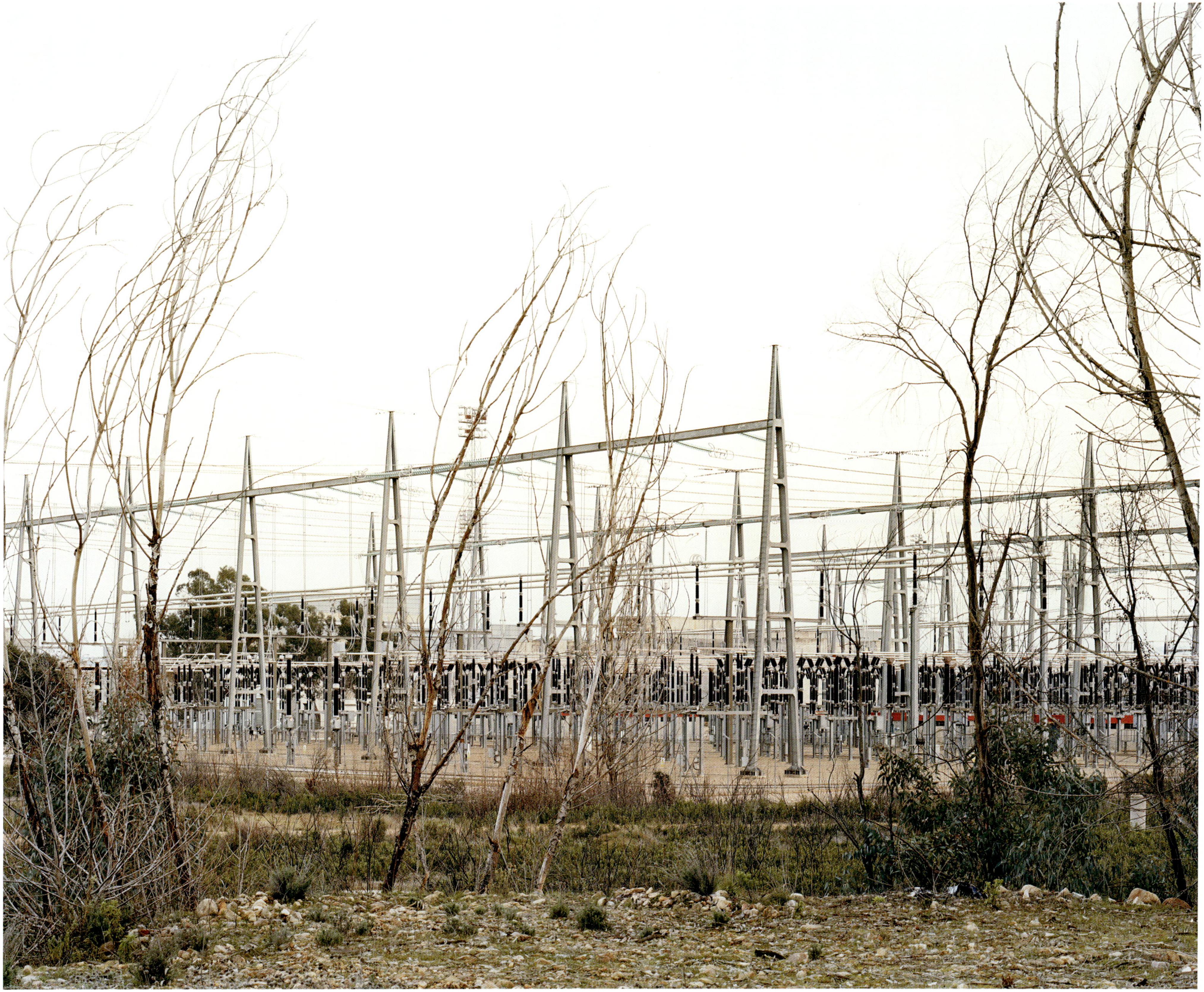

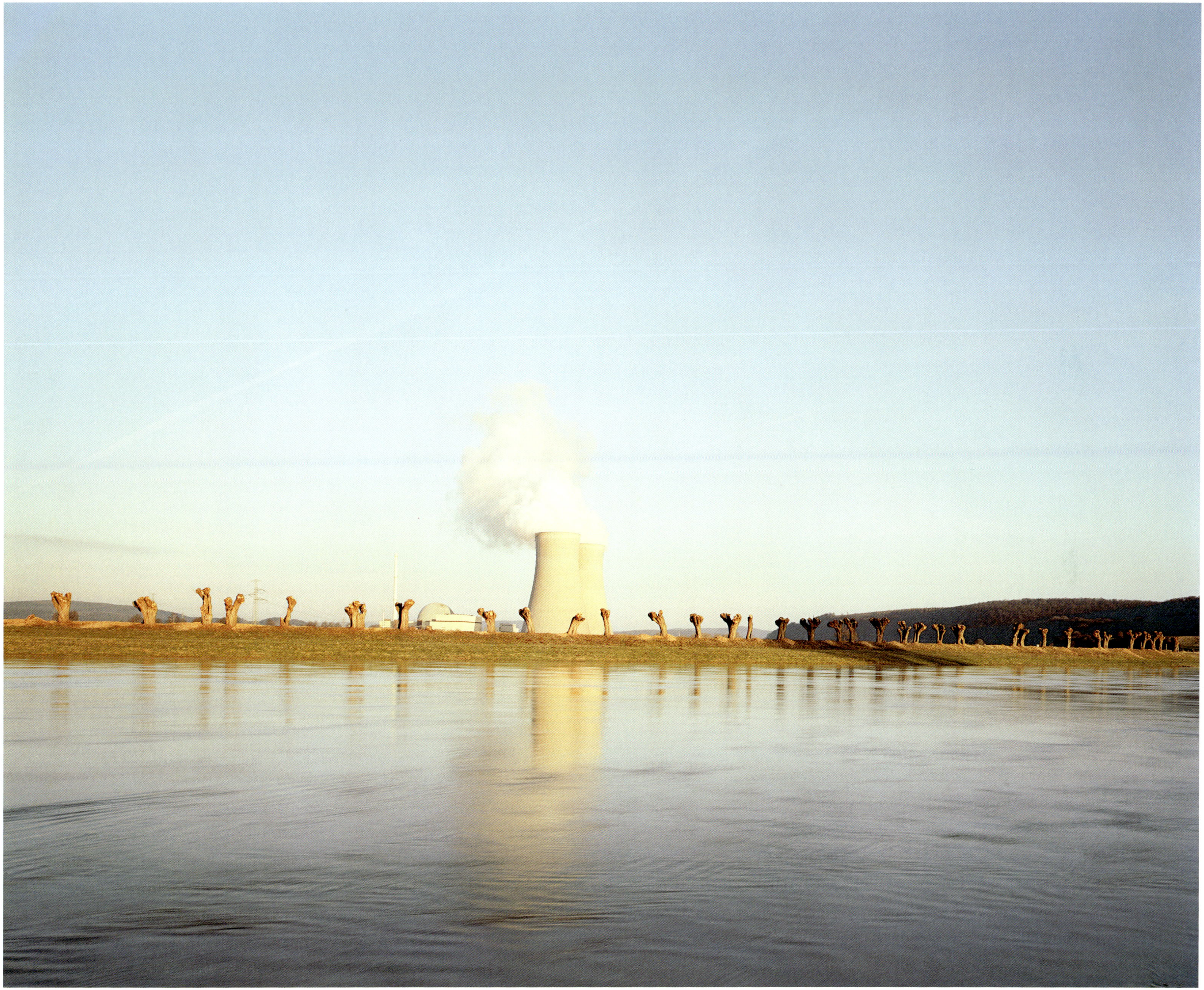

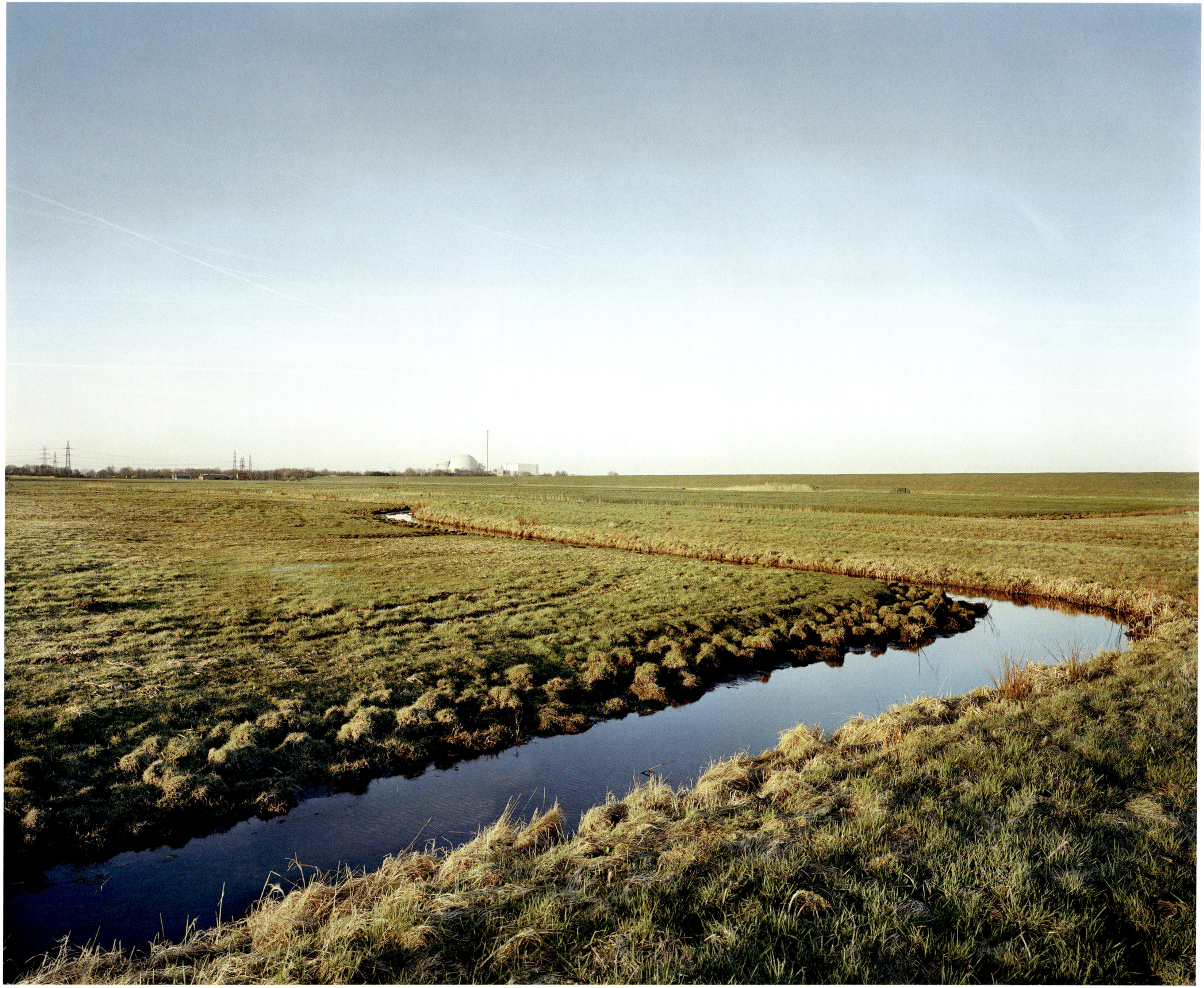

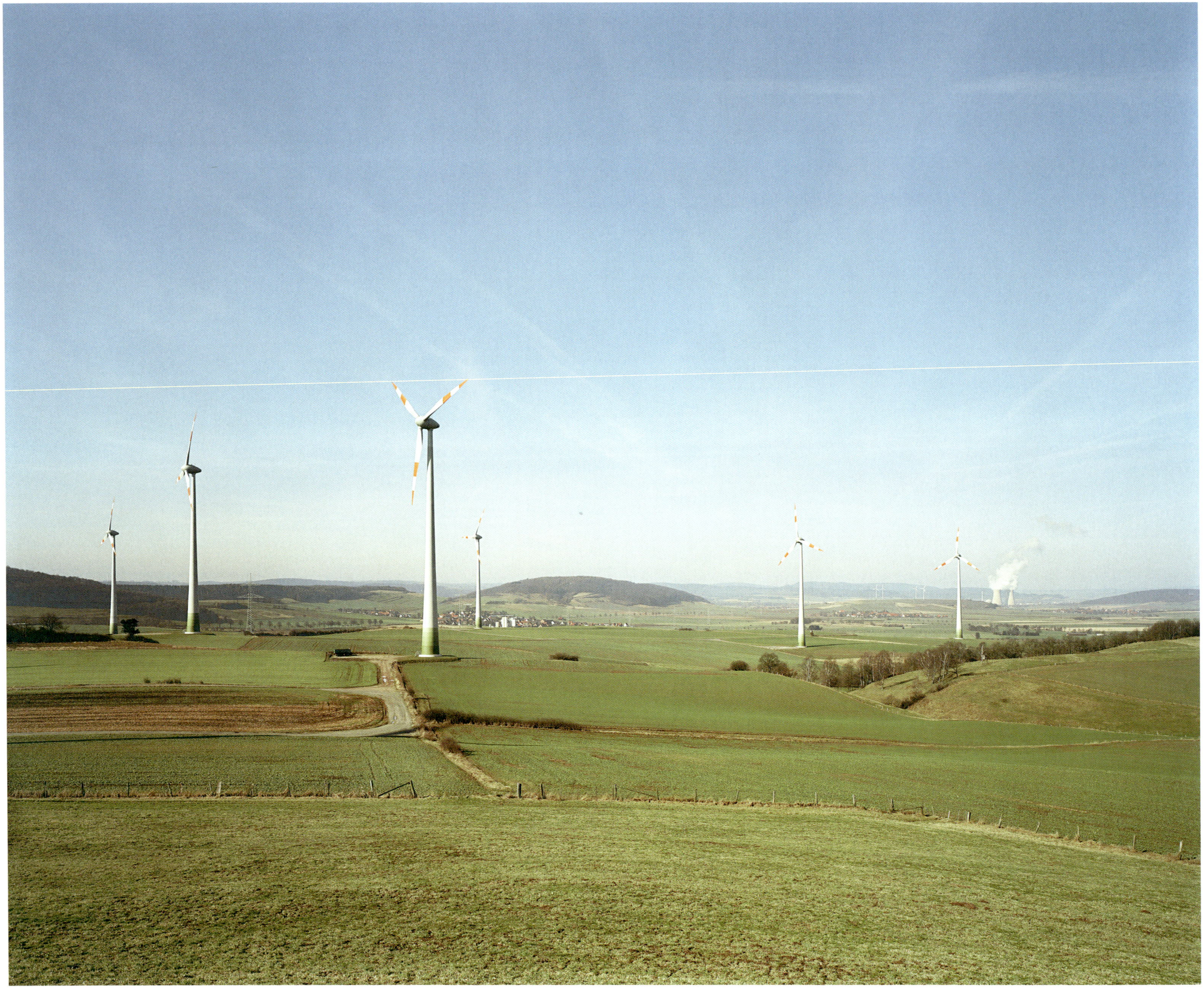

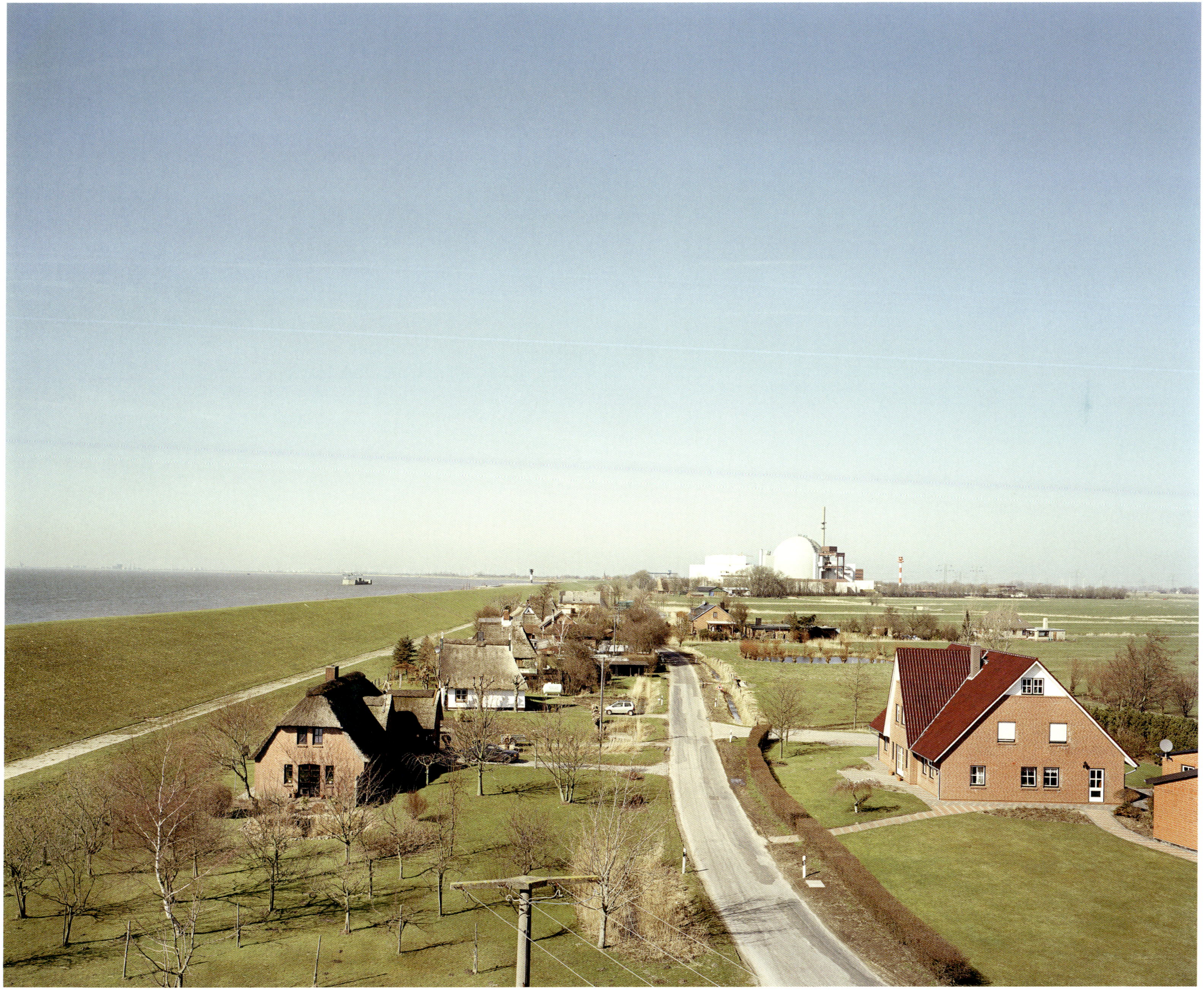

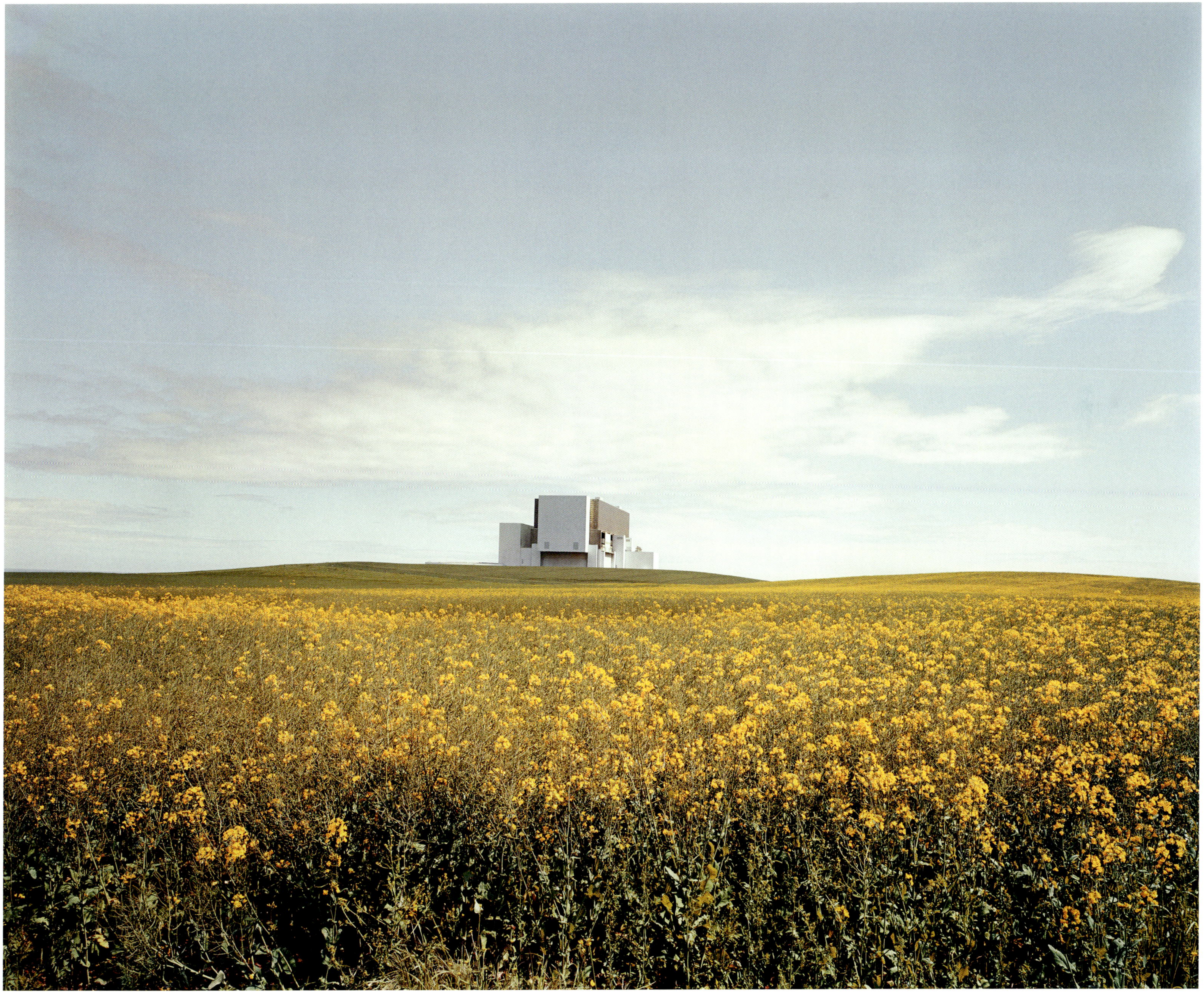

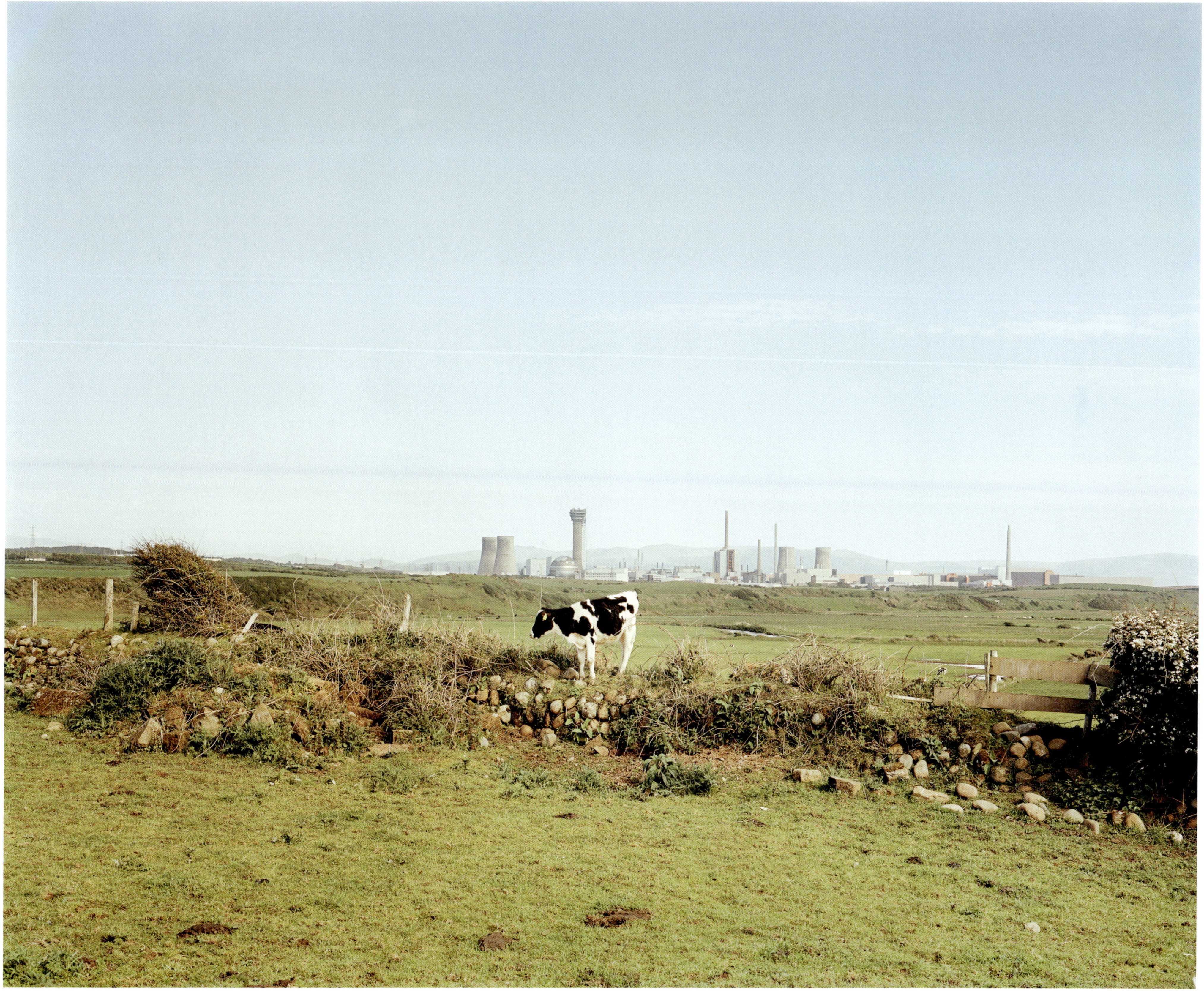

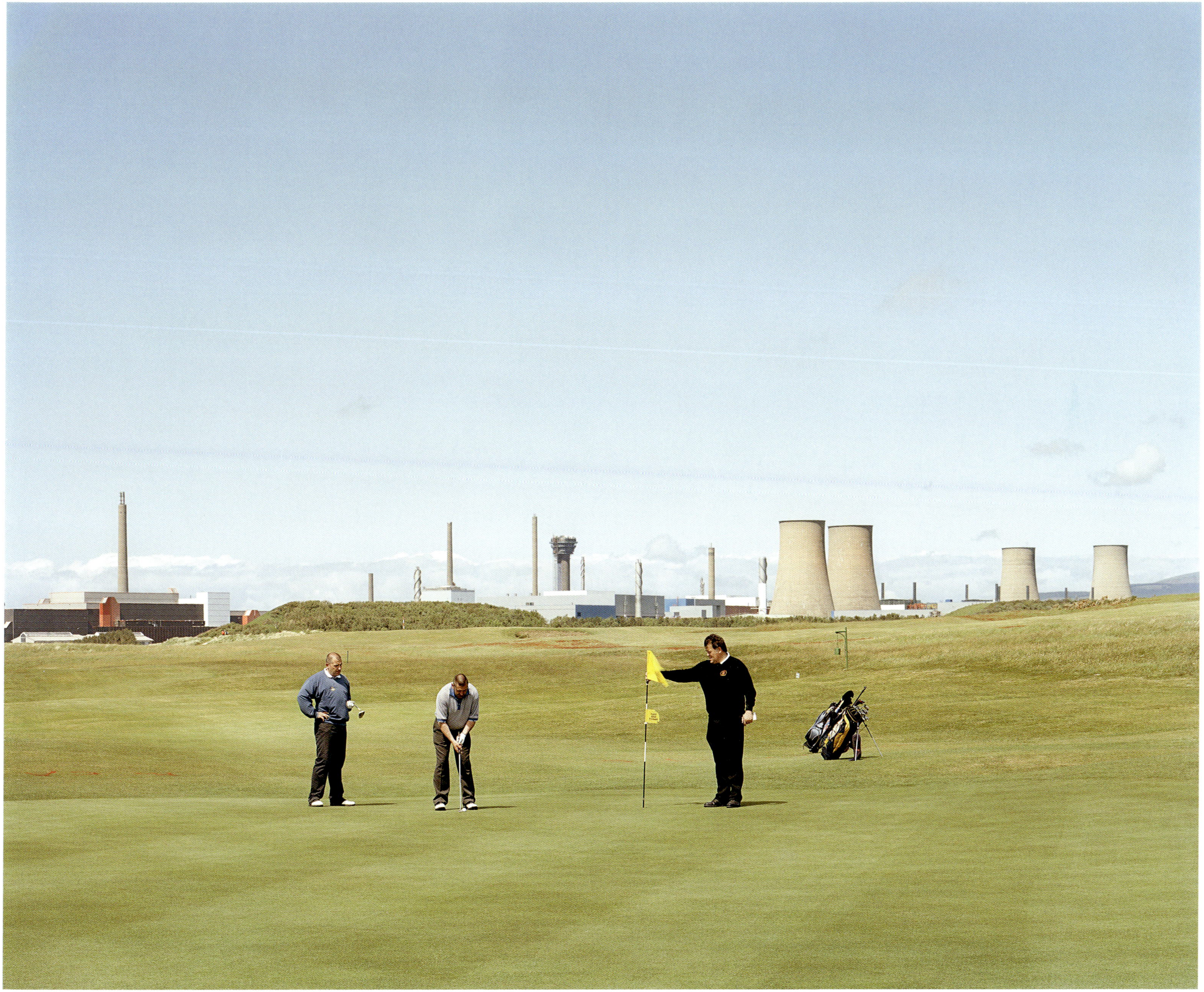

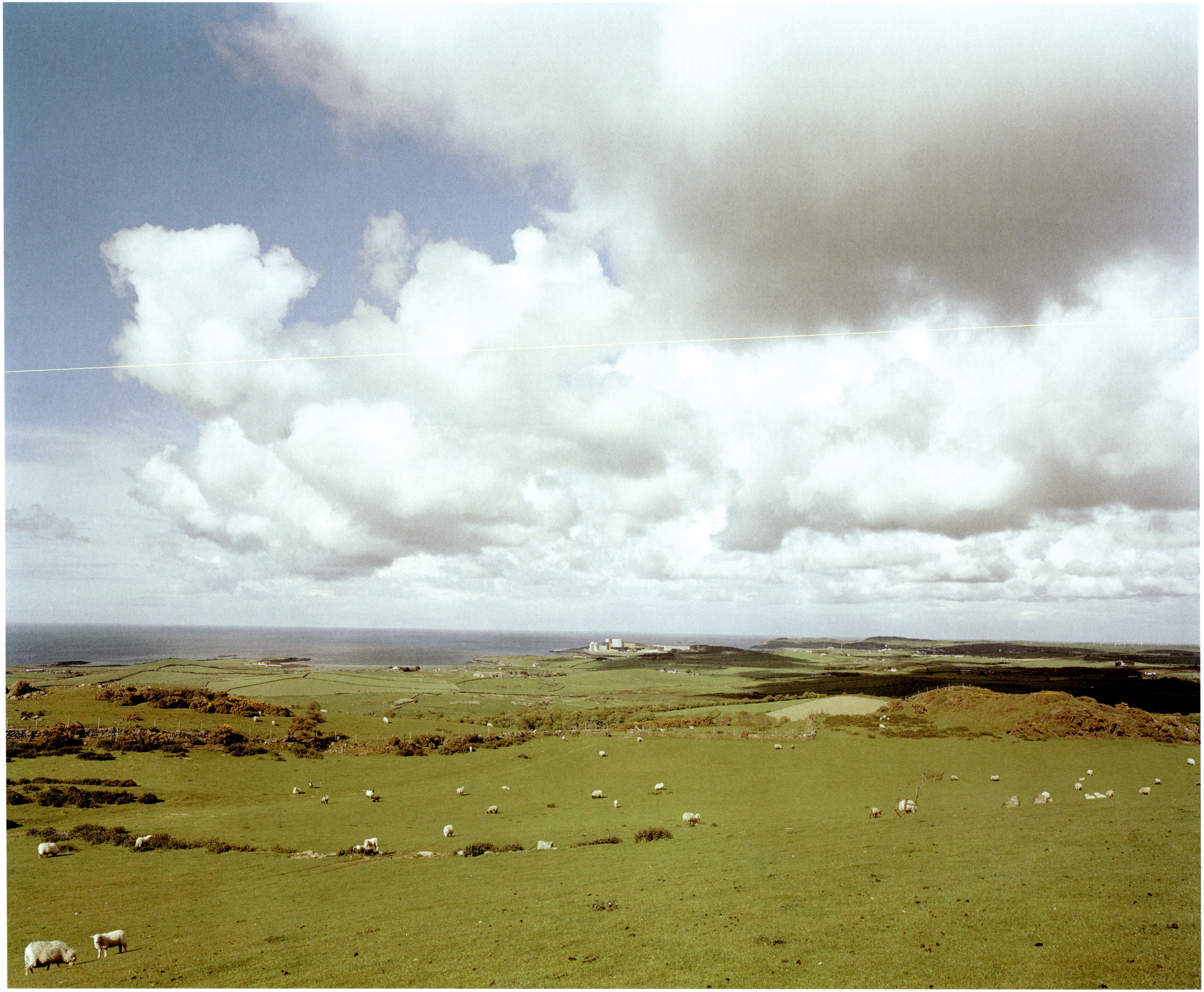

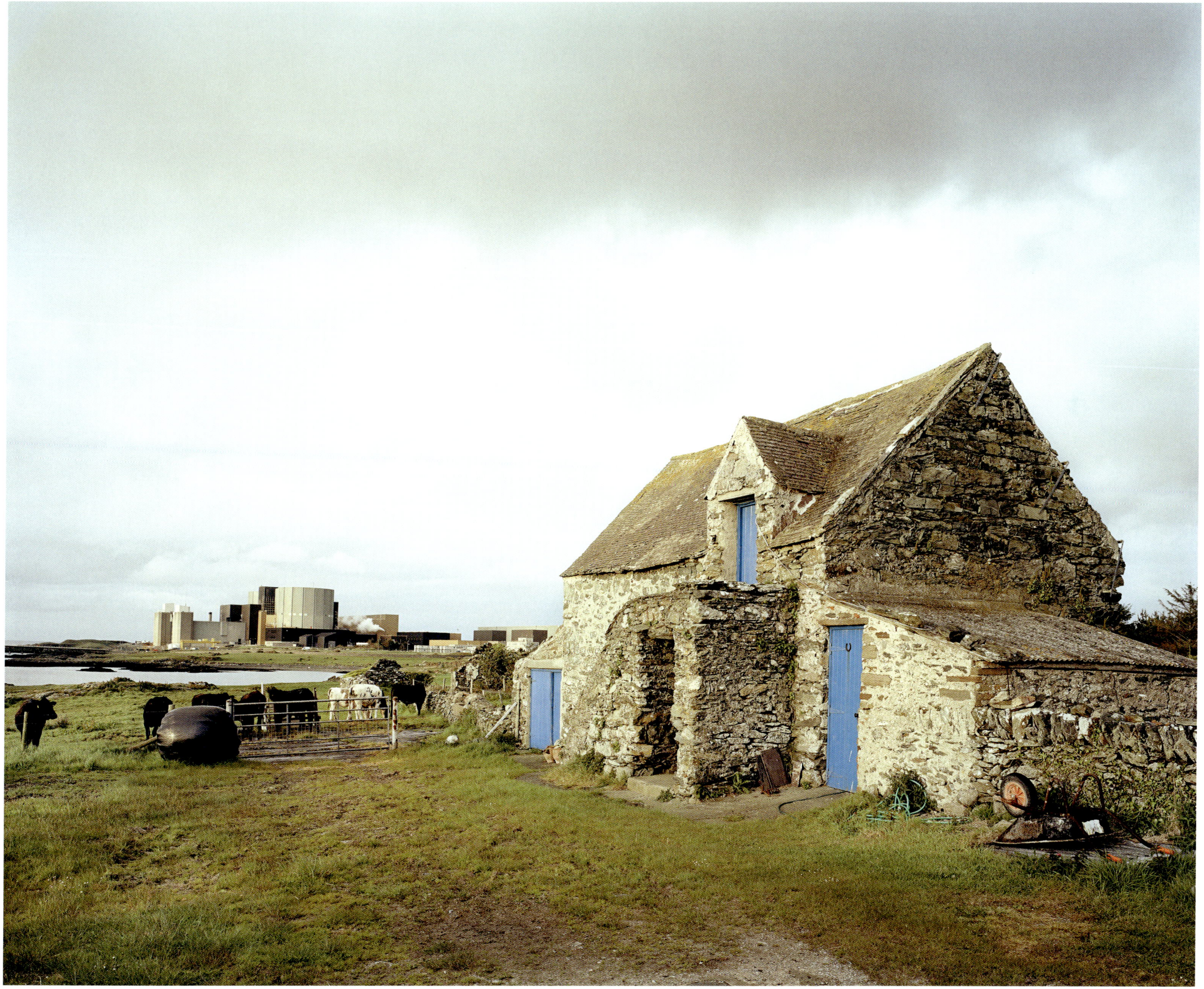

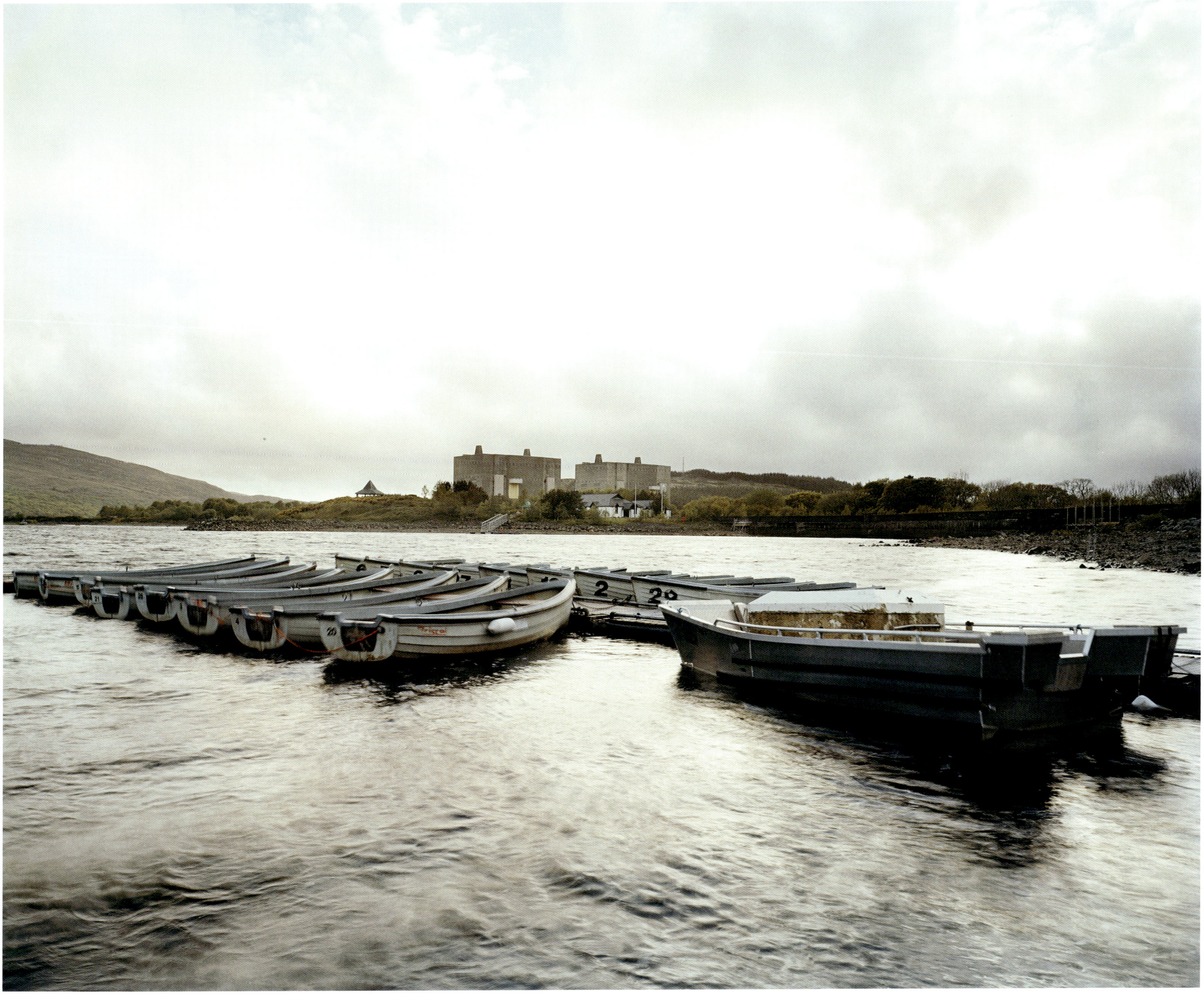

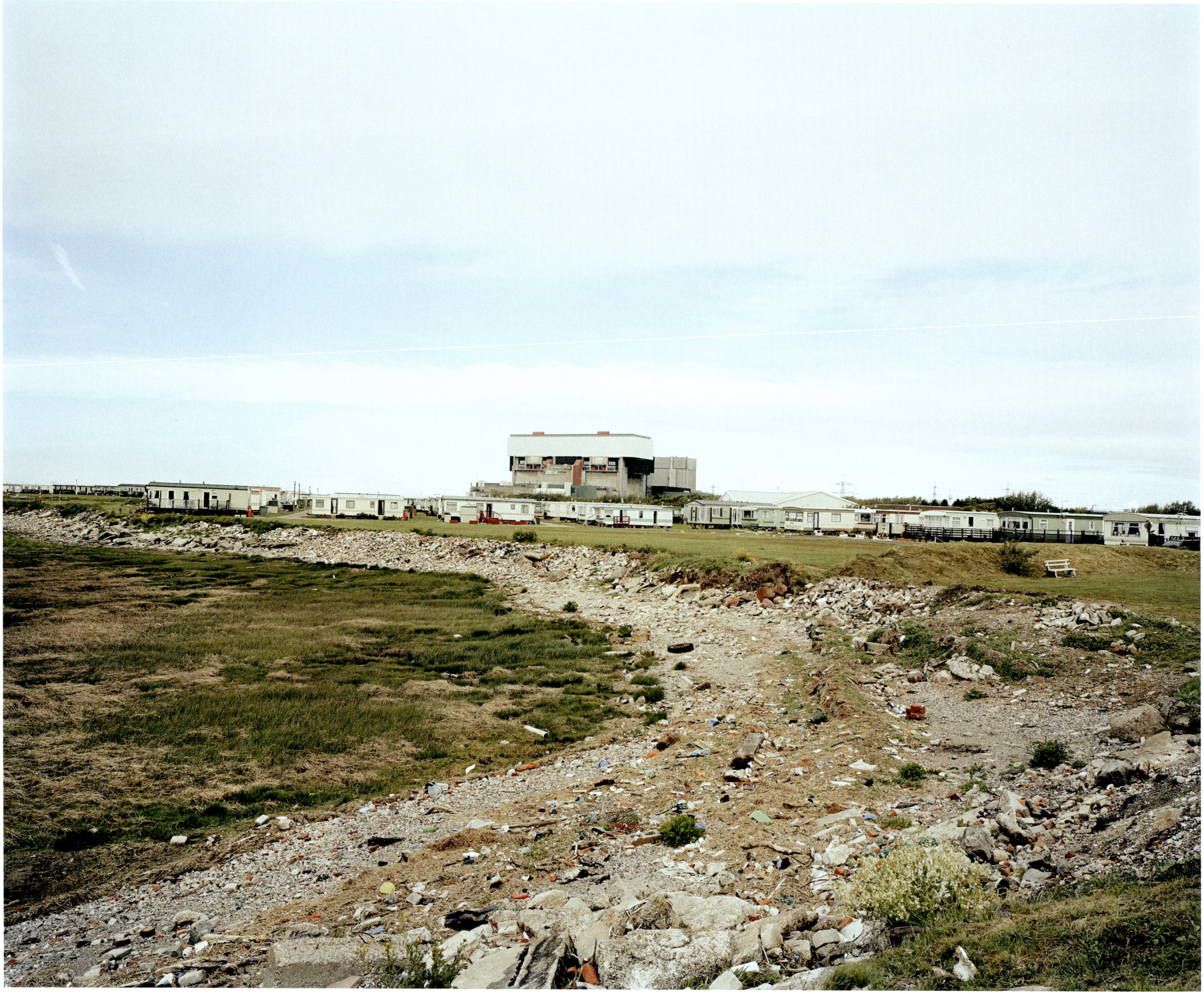

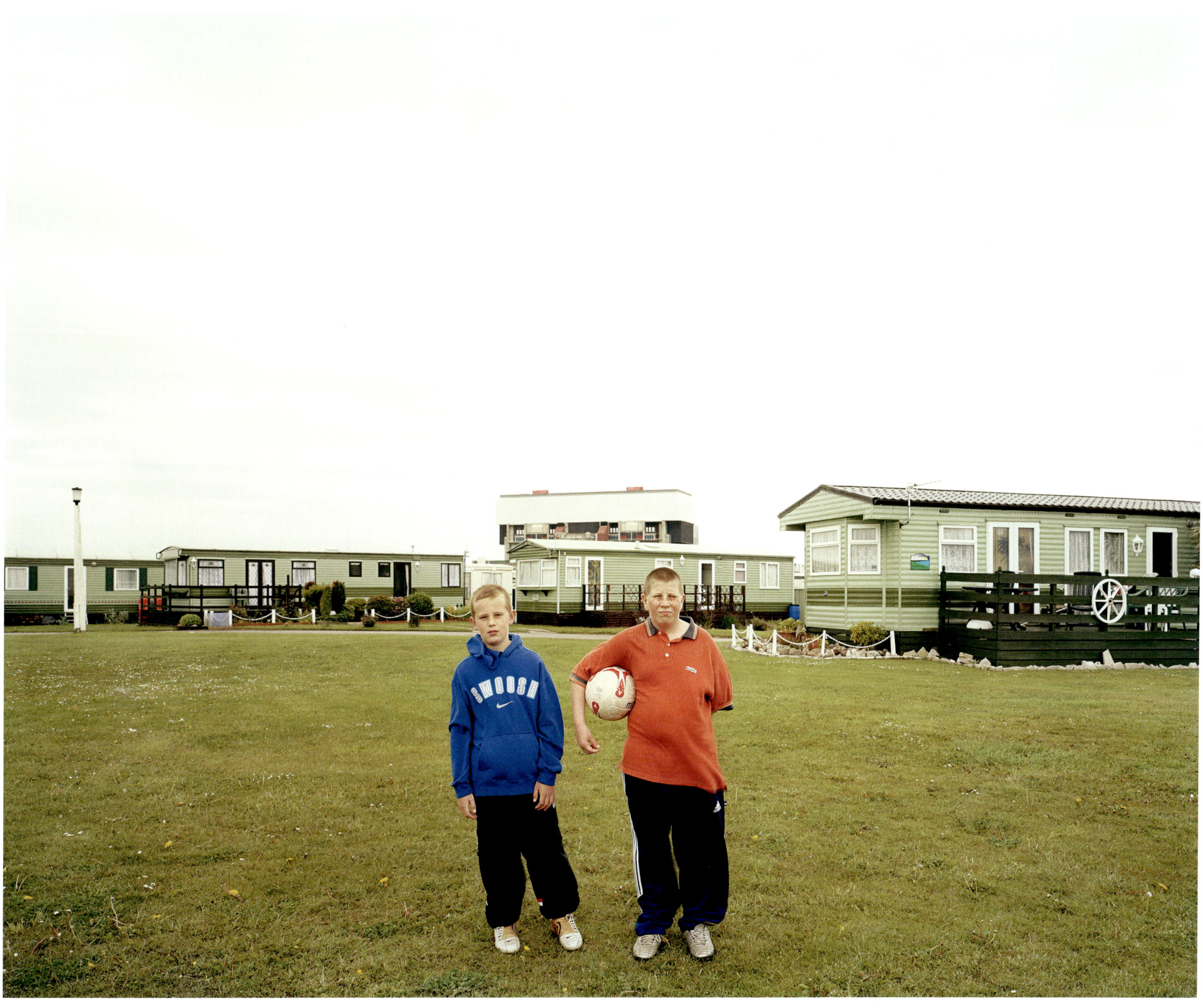
SWOOSH

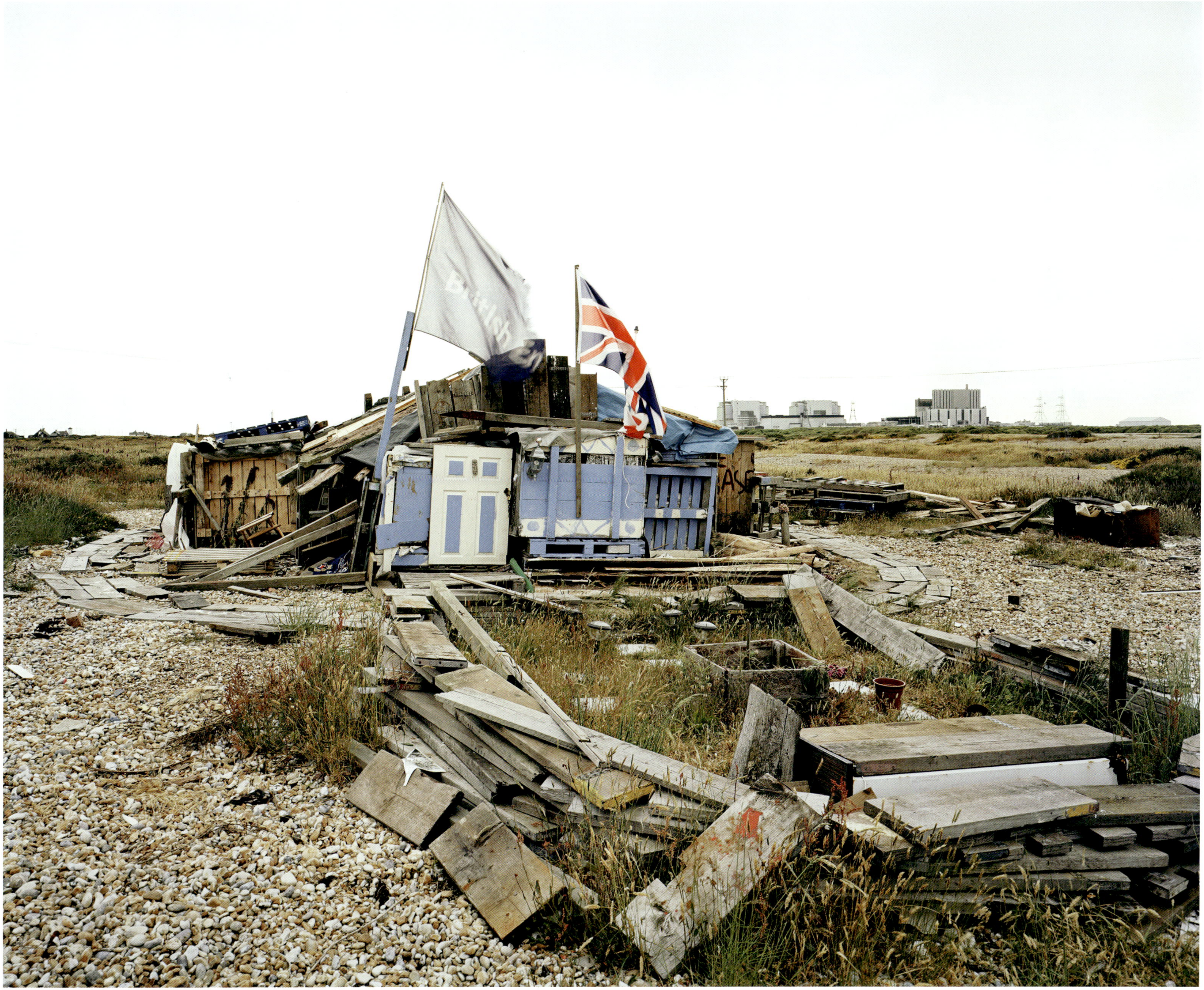
British

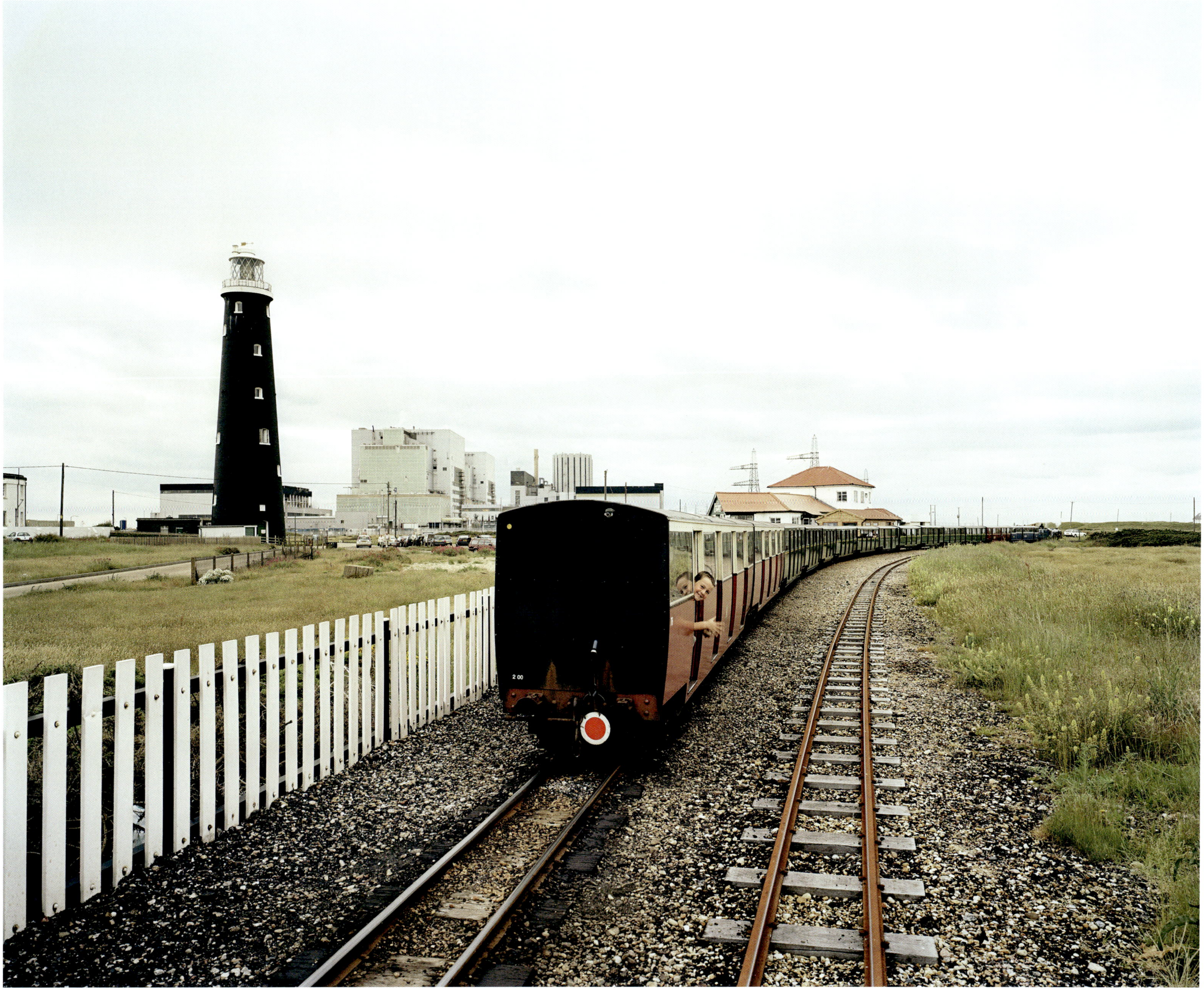

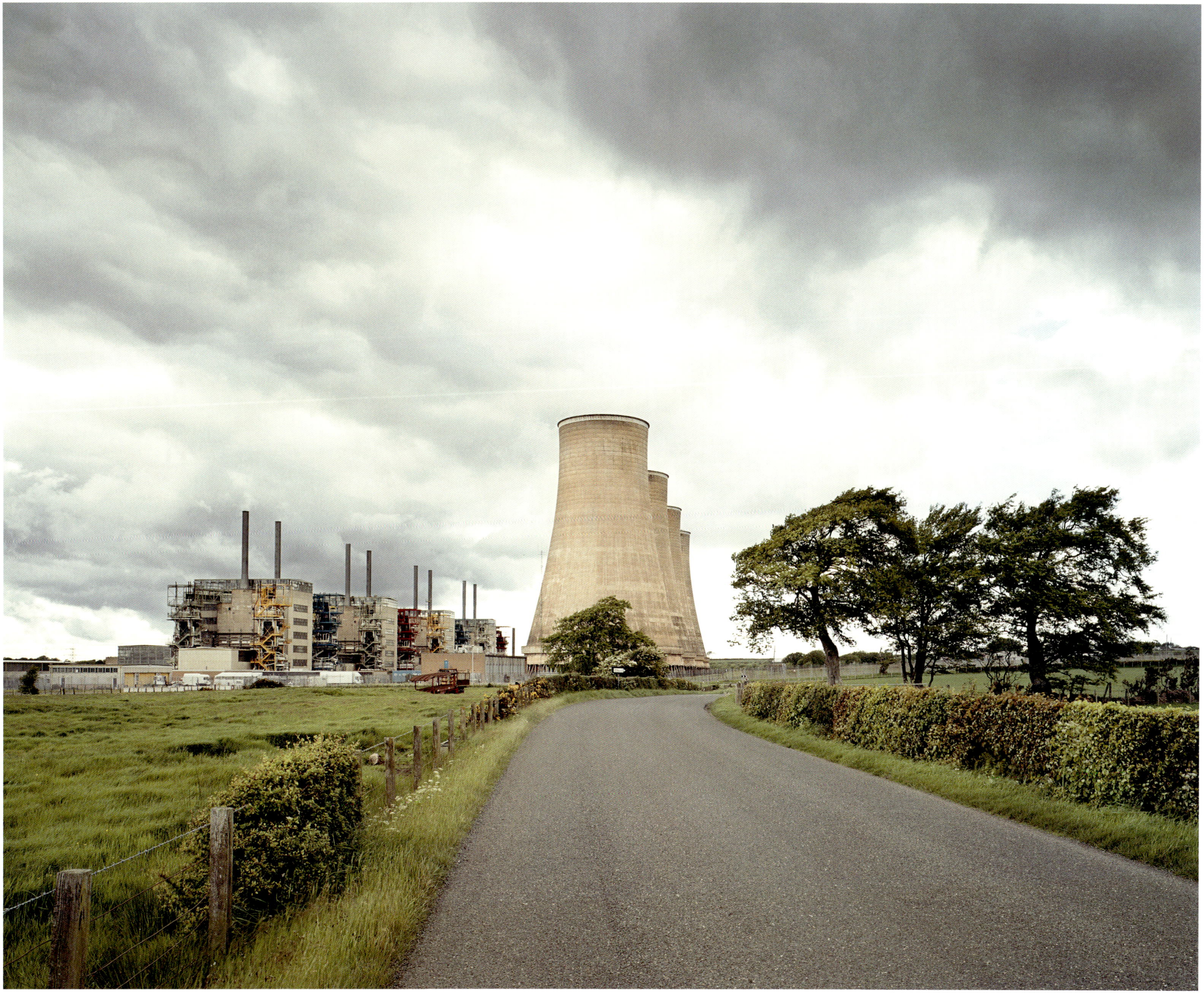

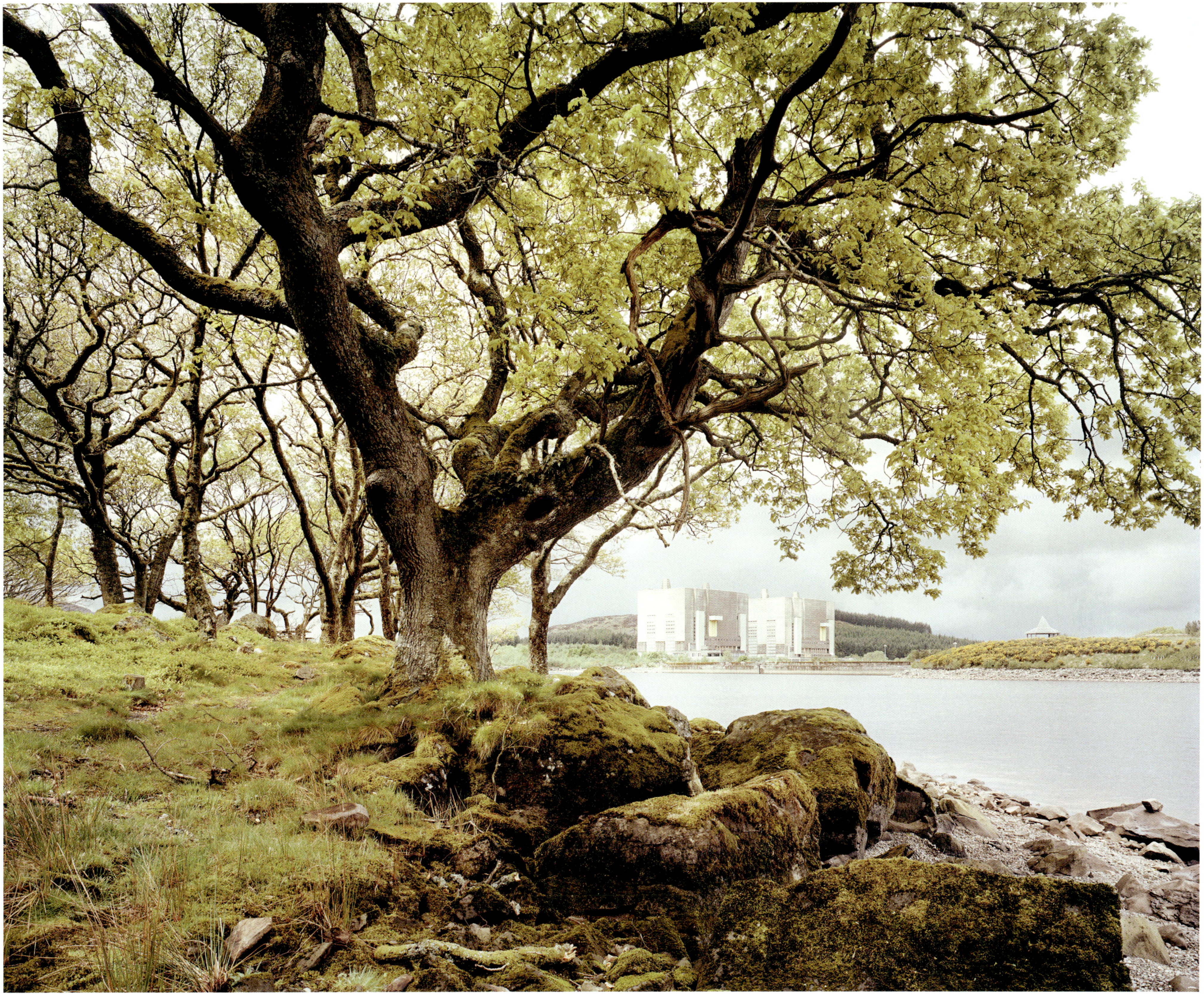

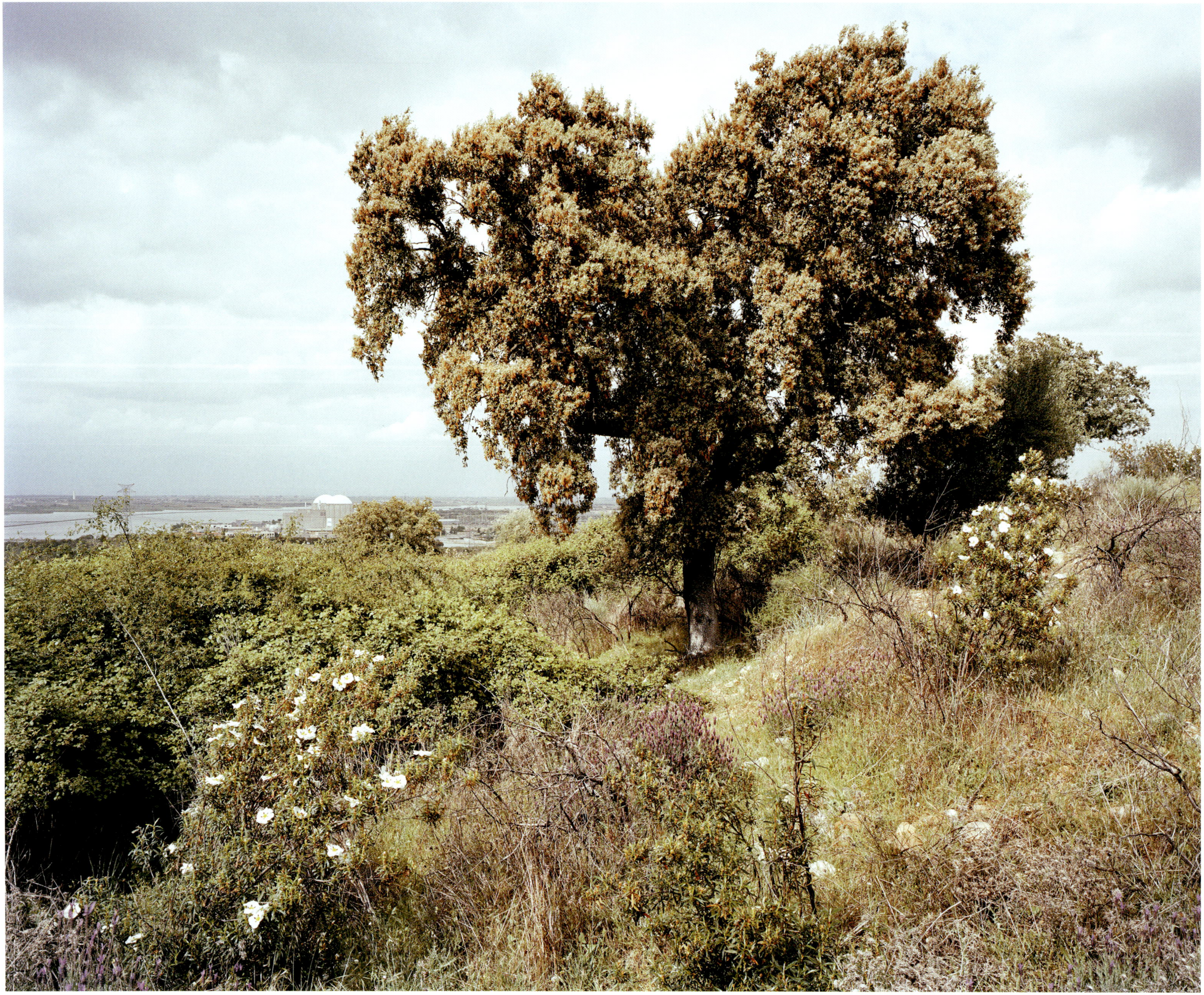

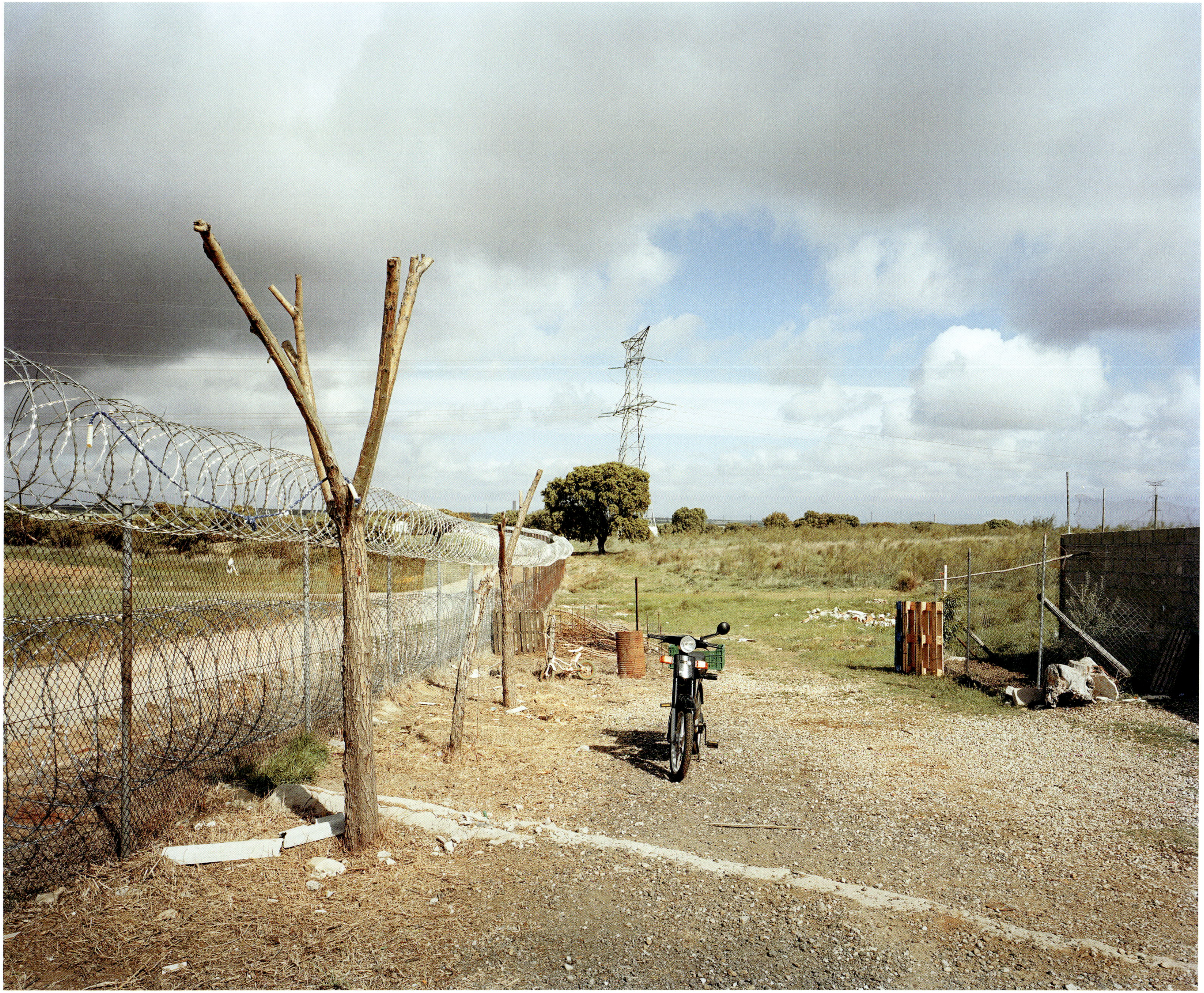

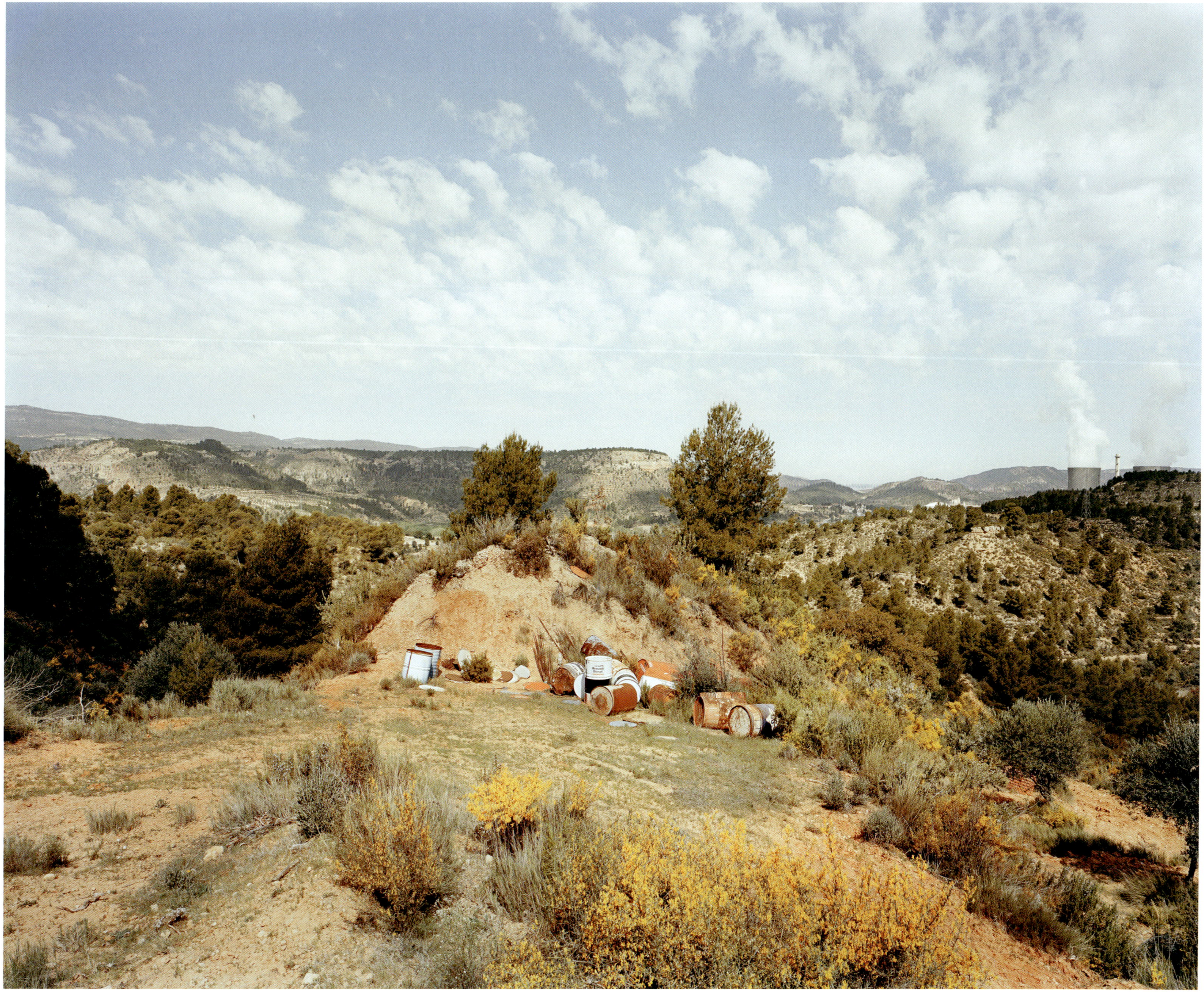

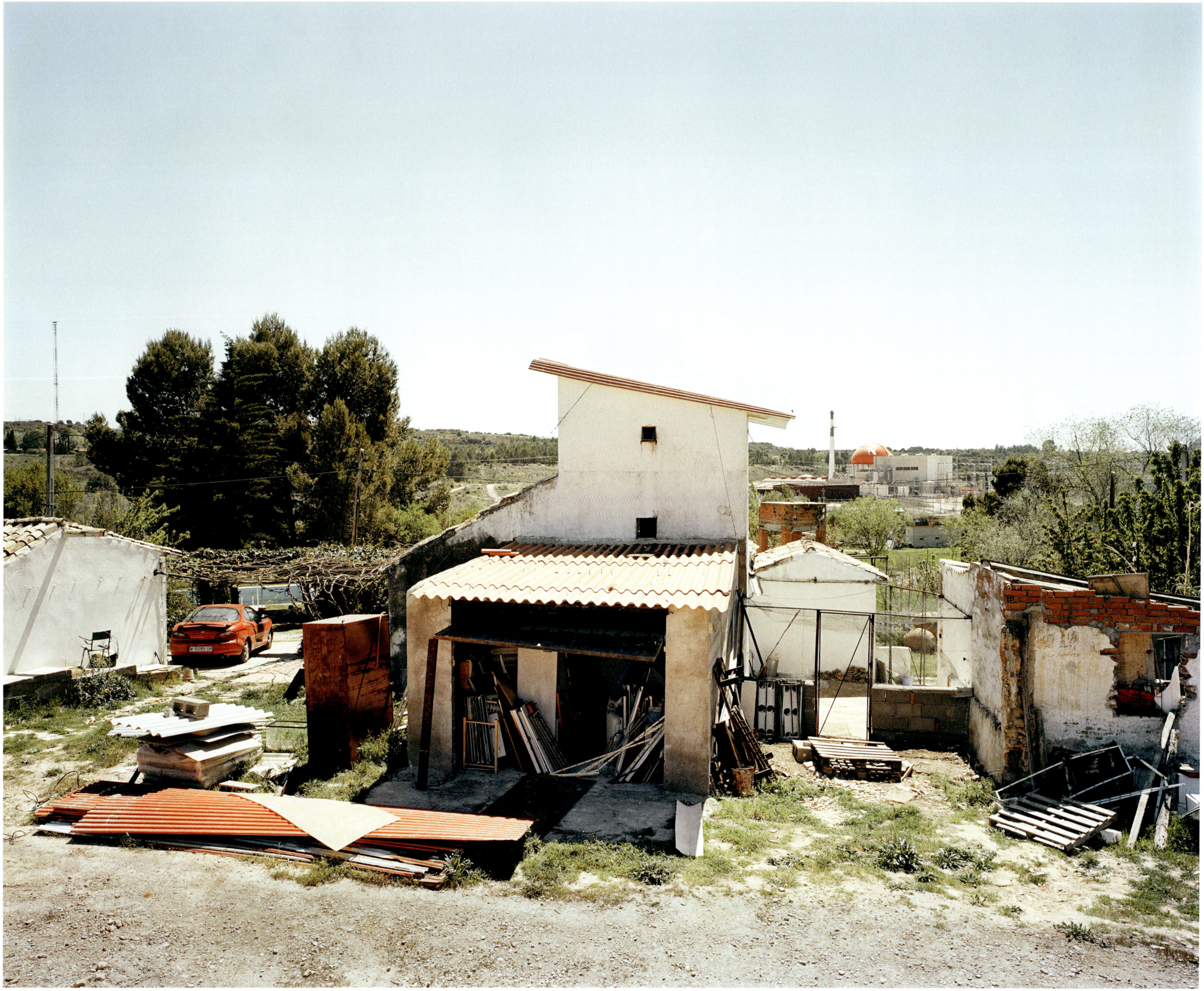

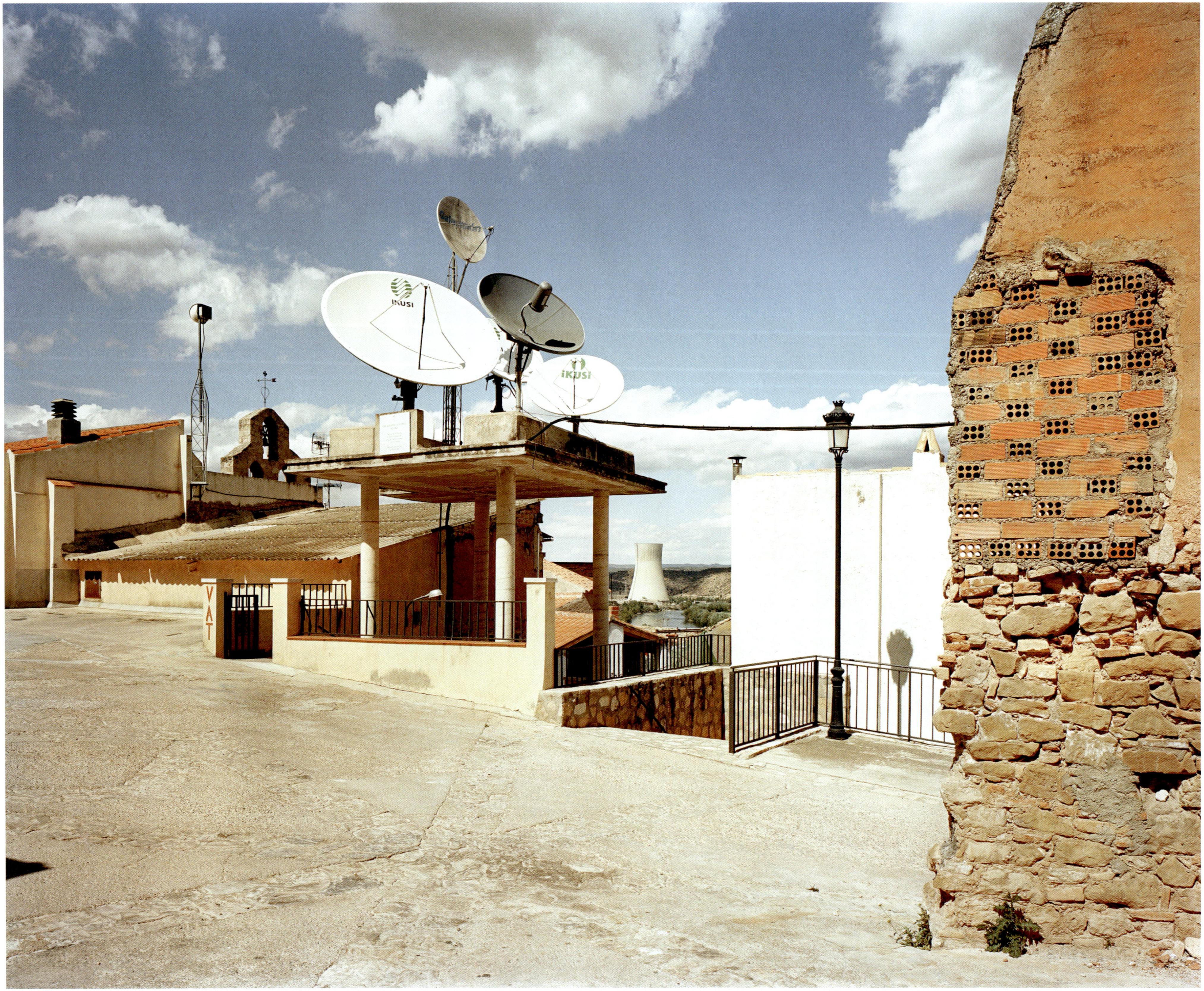
IKUSI
IKUSI
VAT

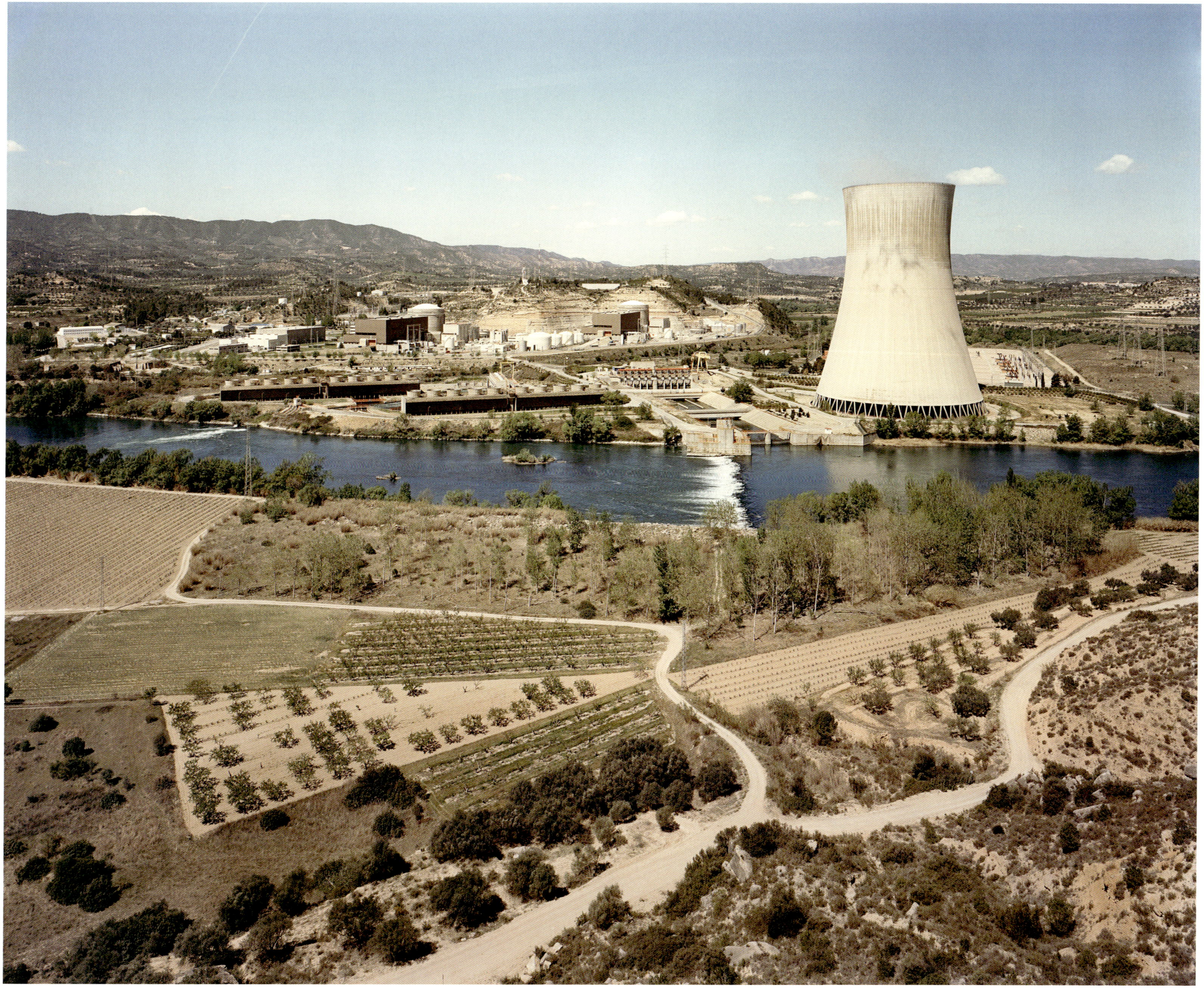

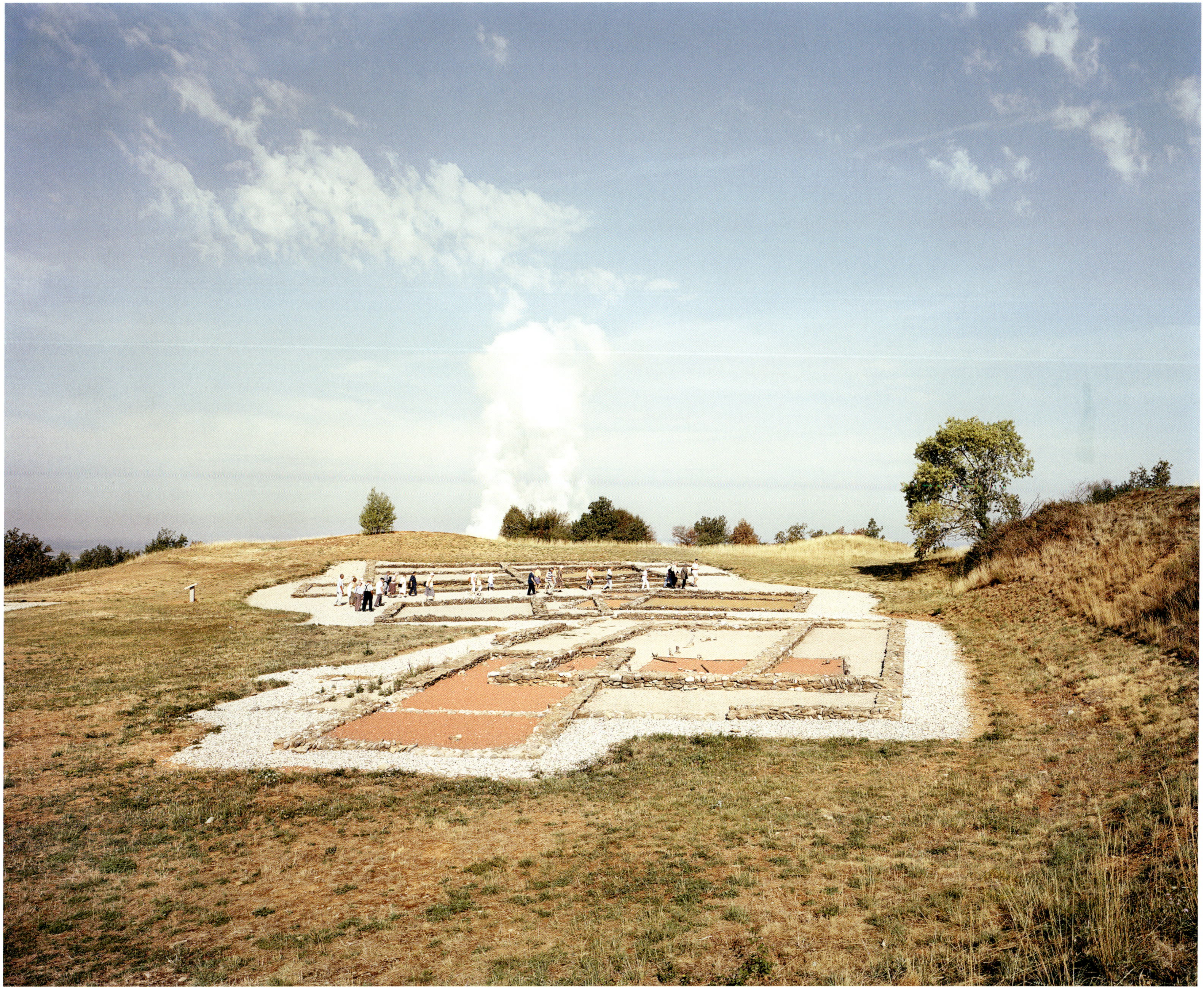

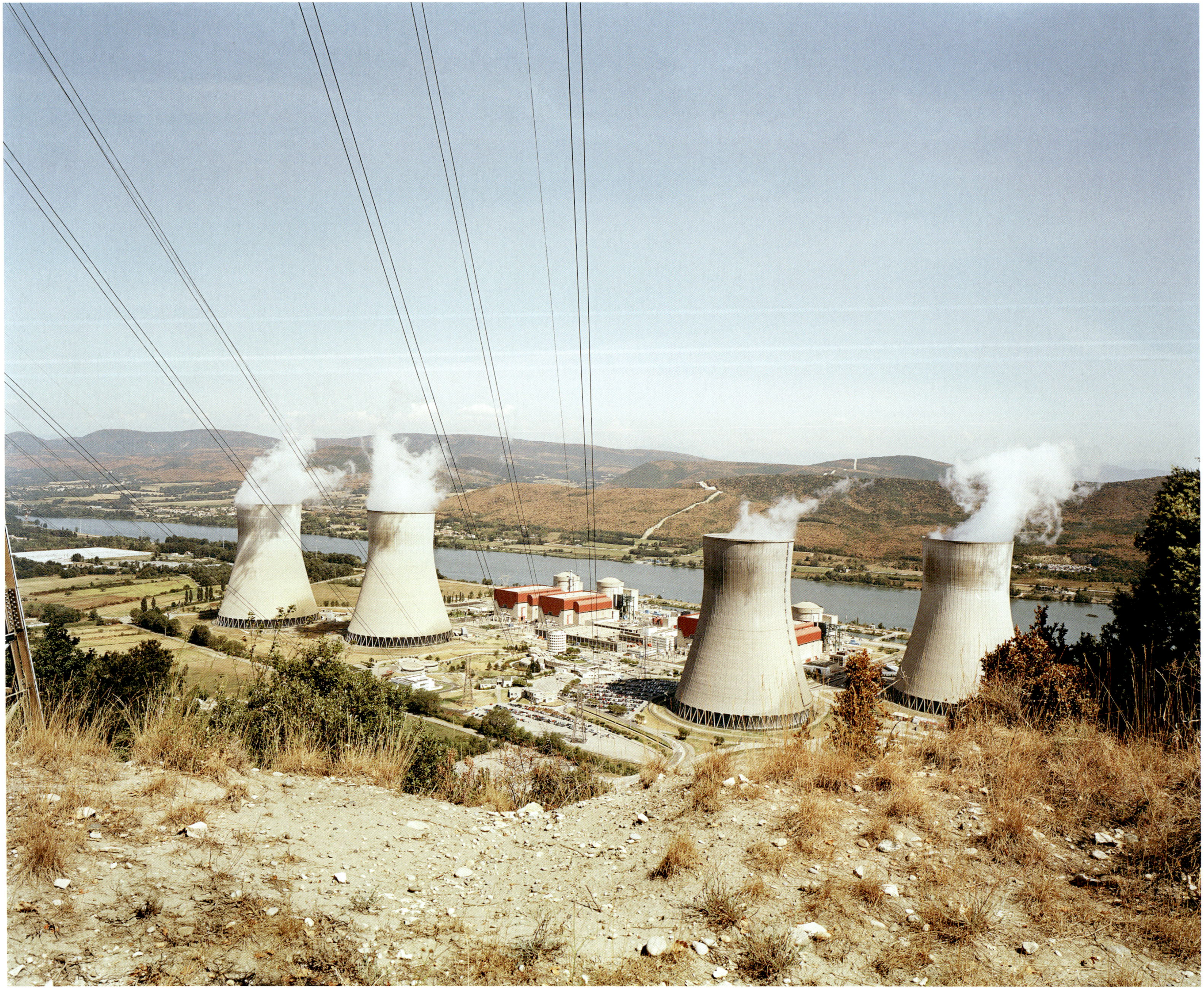

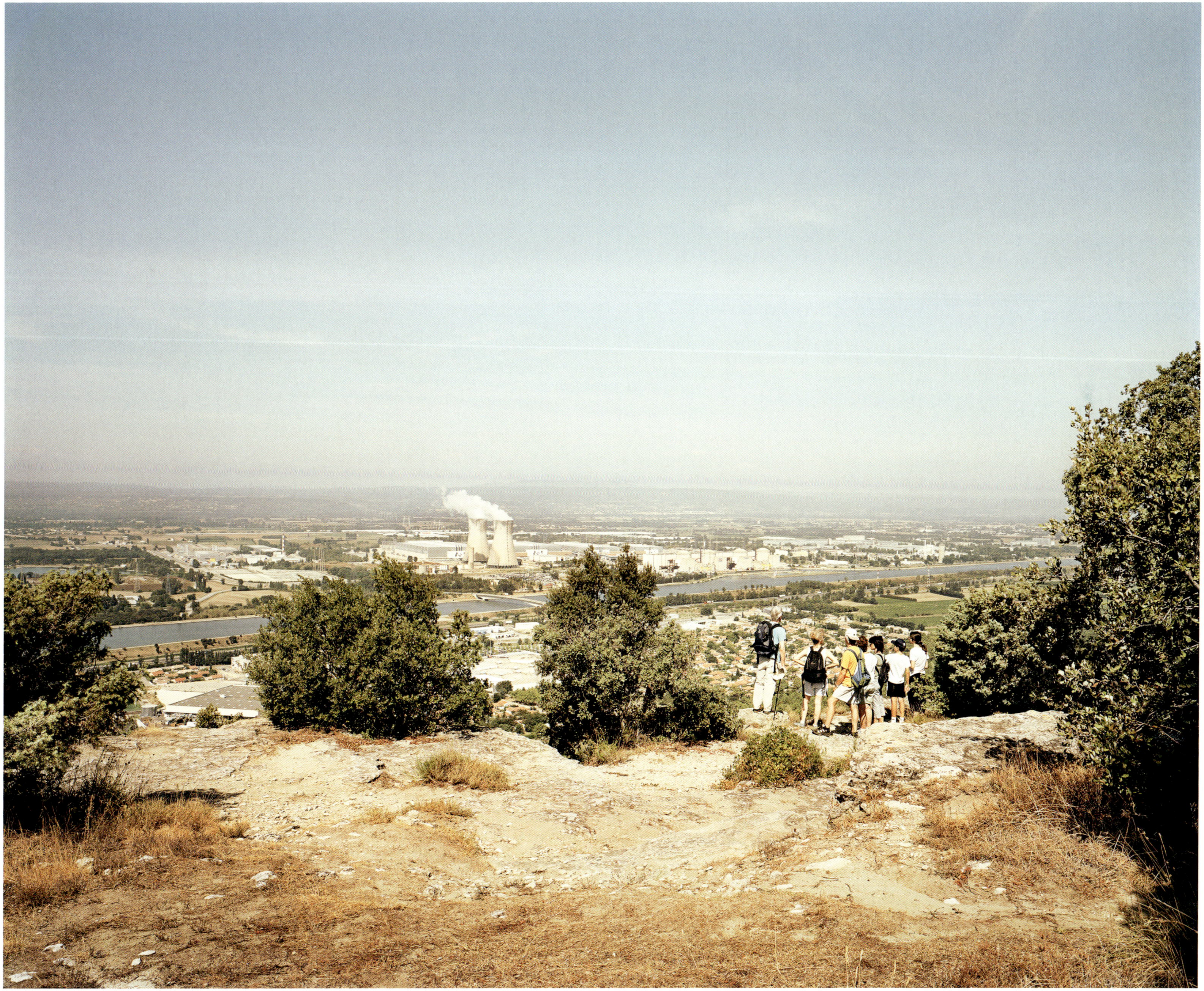

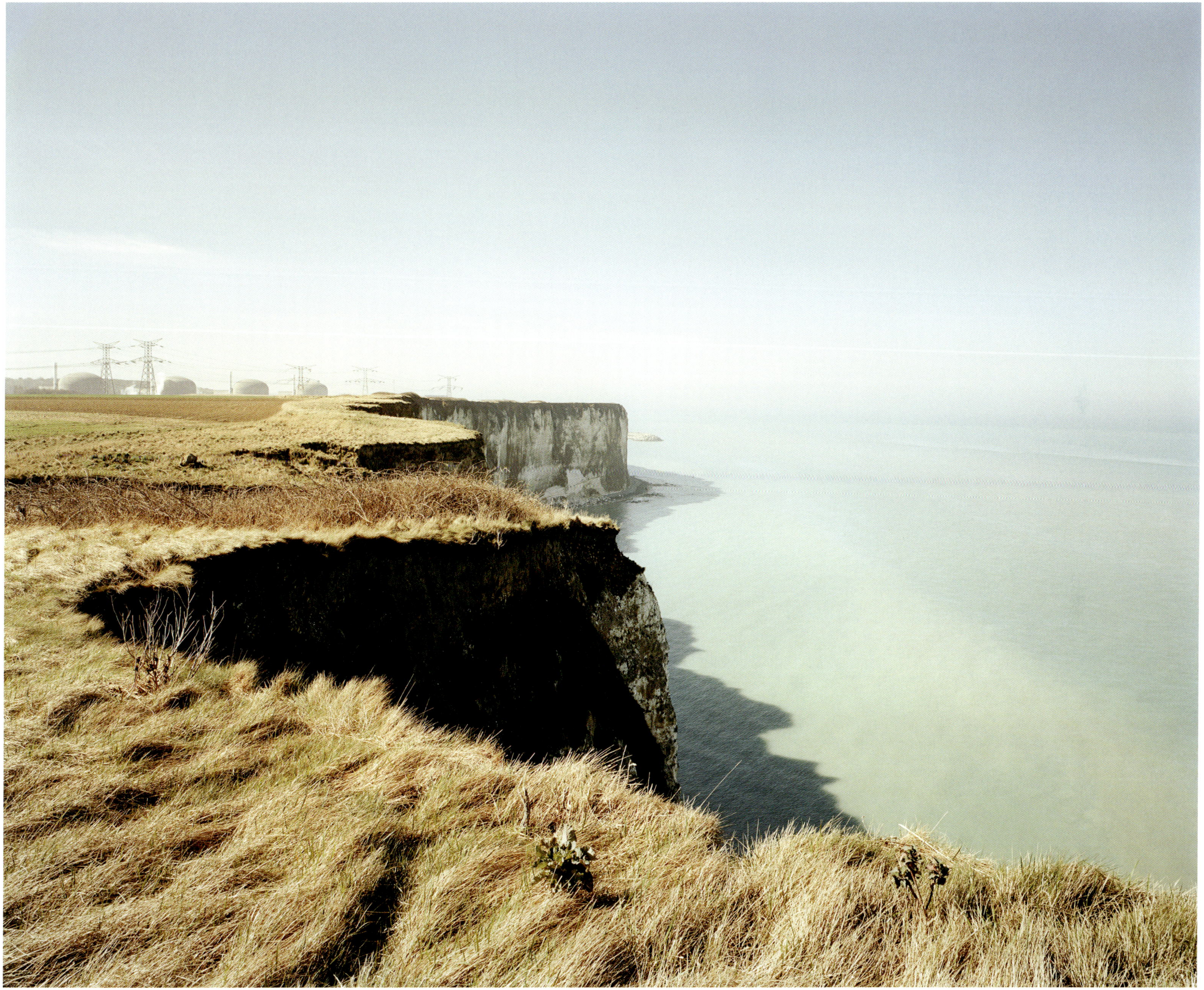

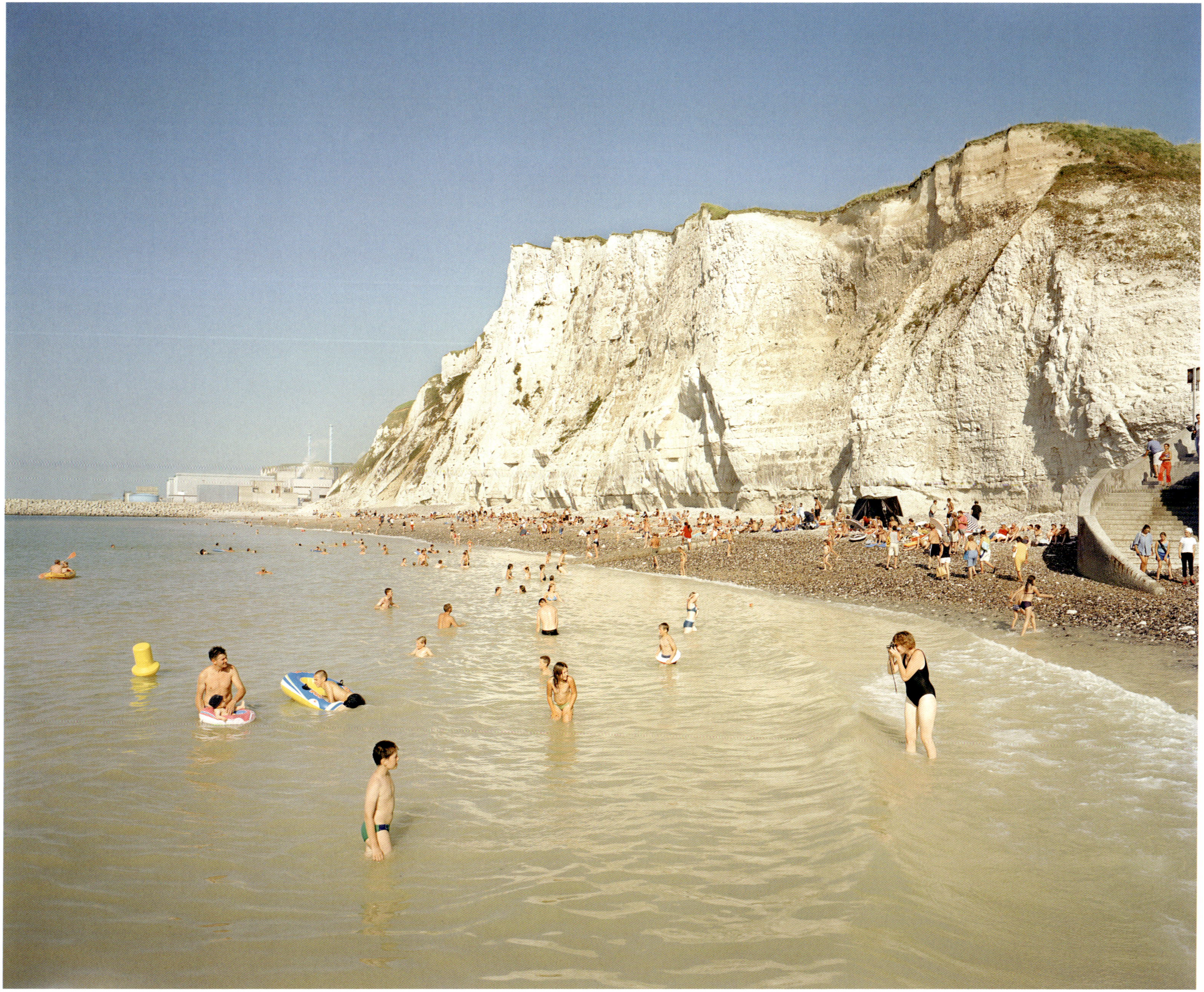

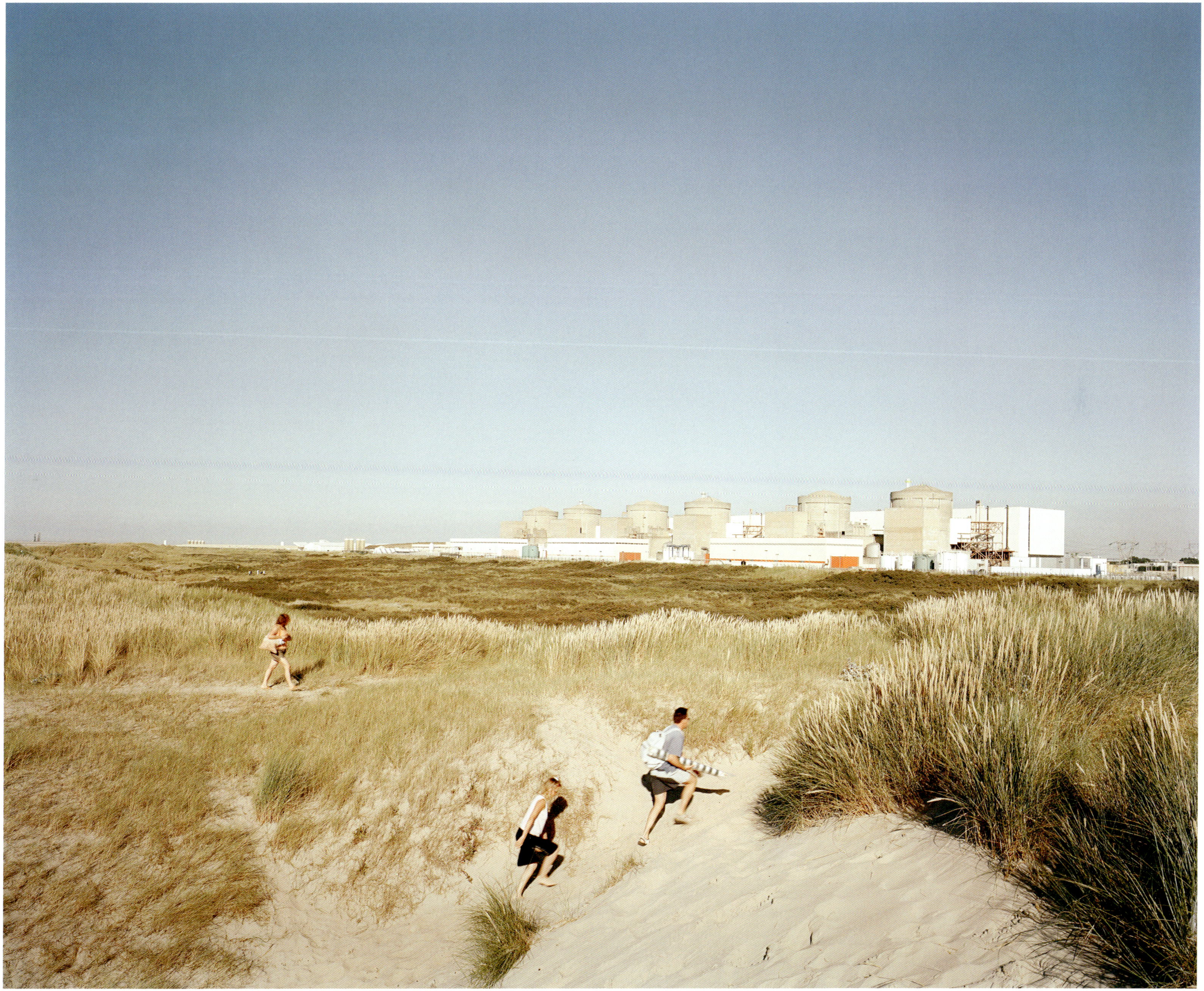

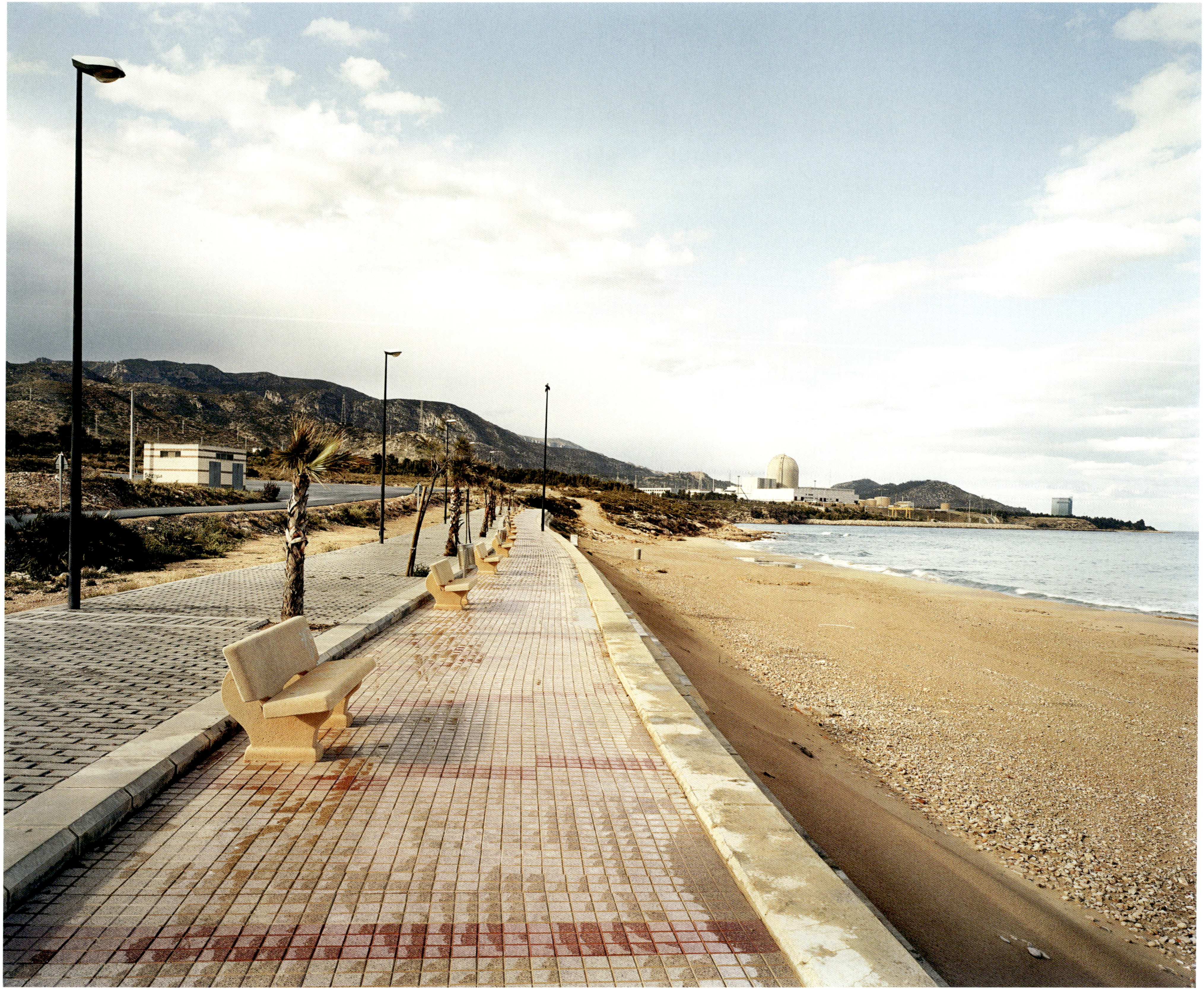

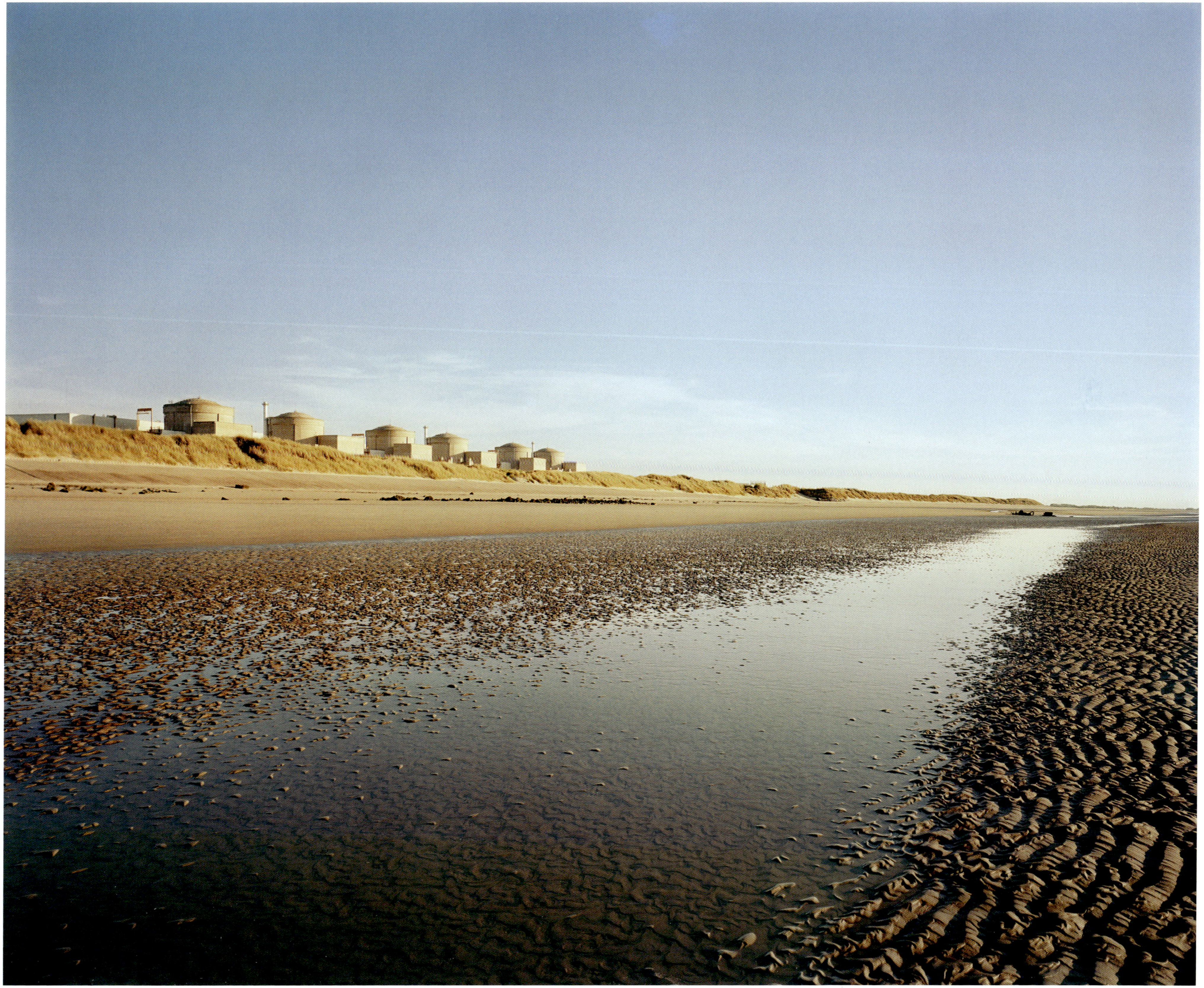

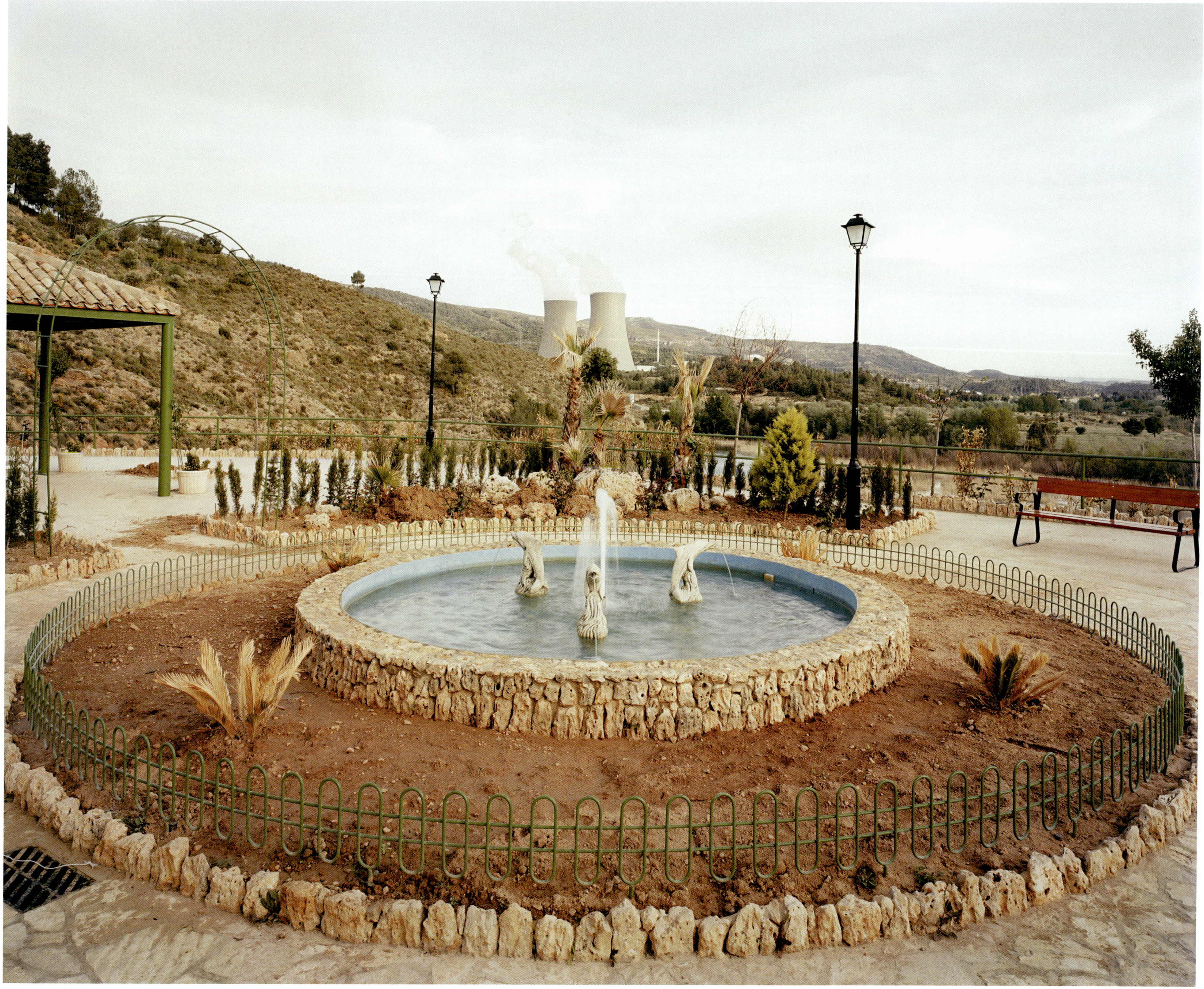

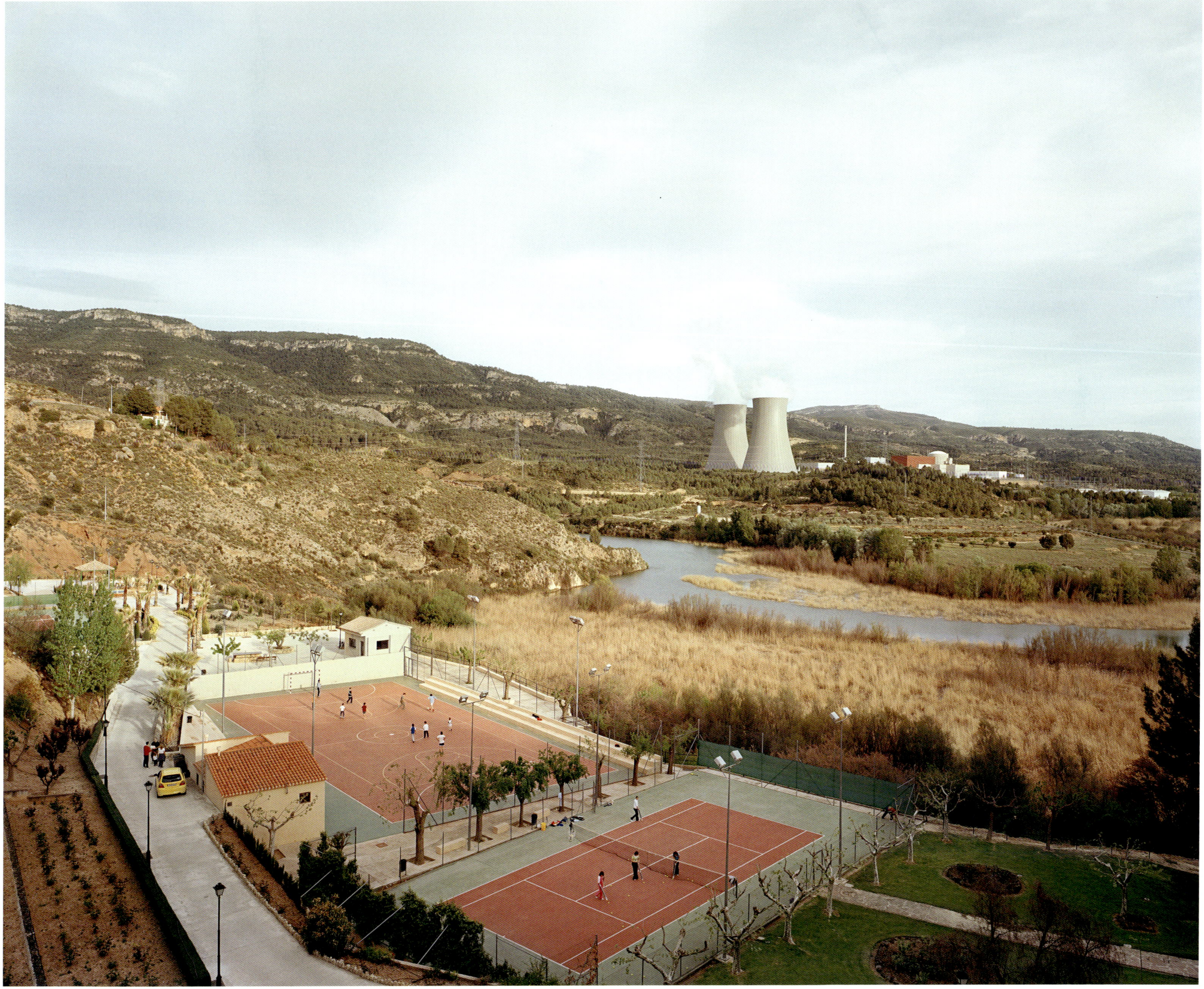

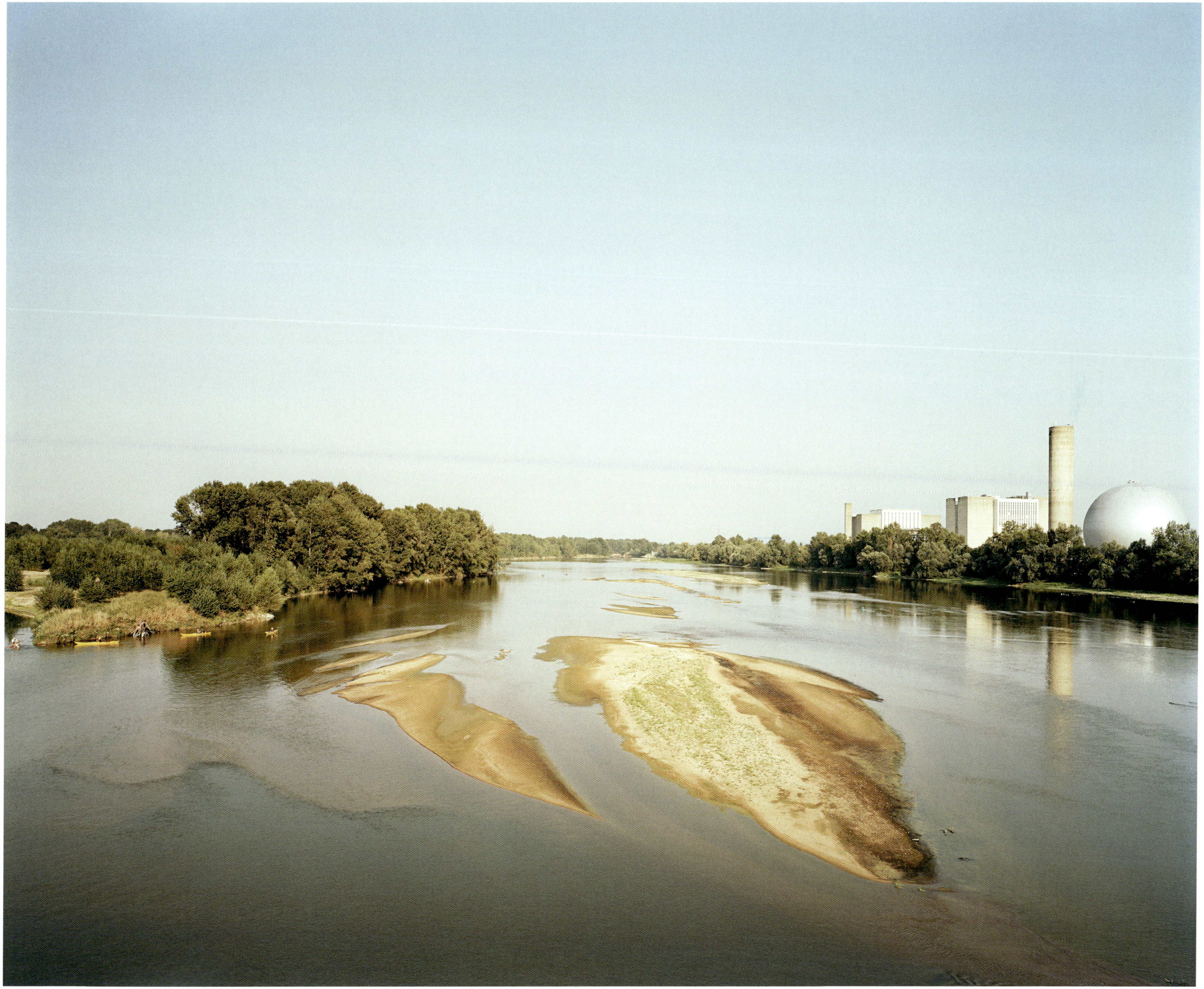

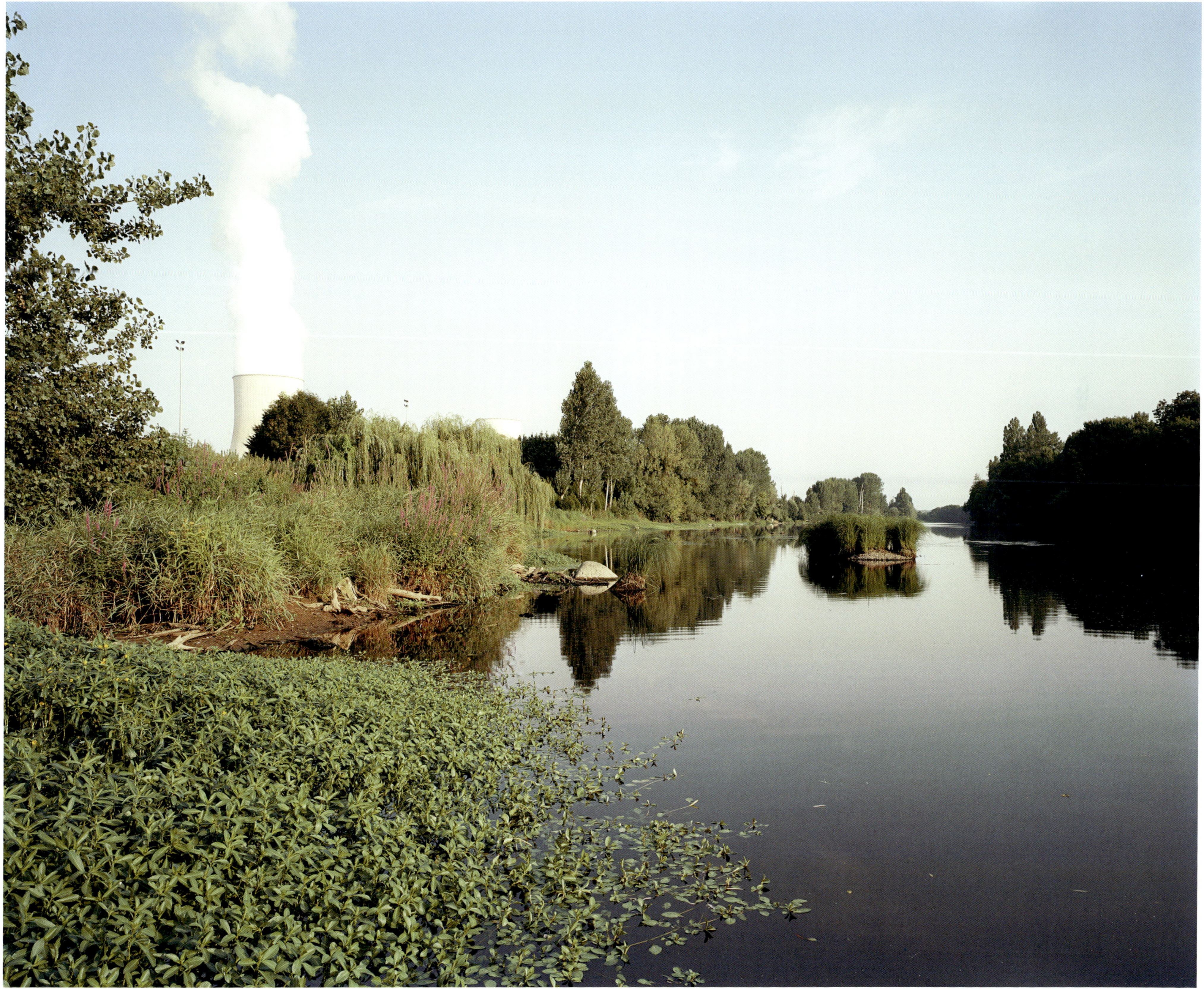

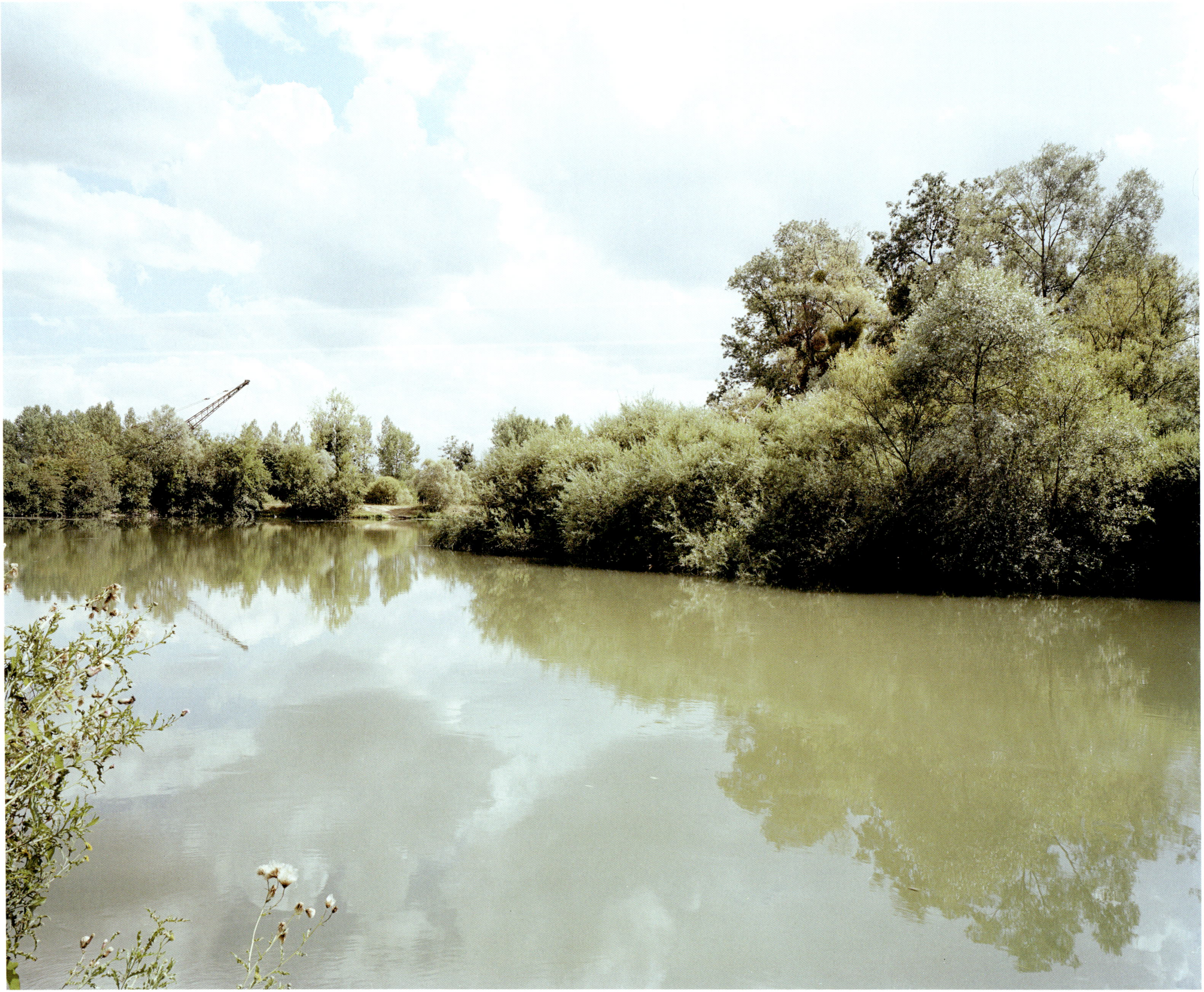

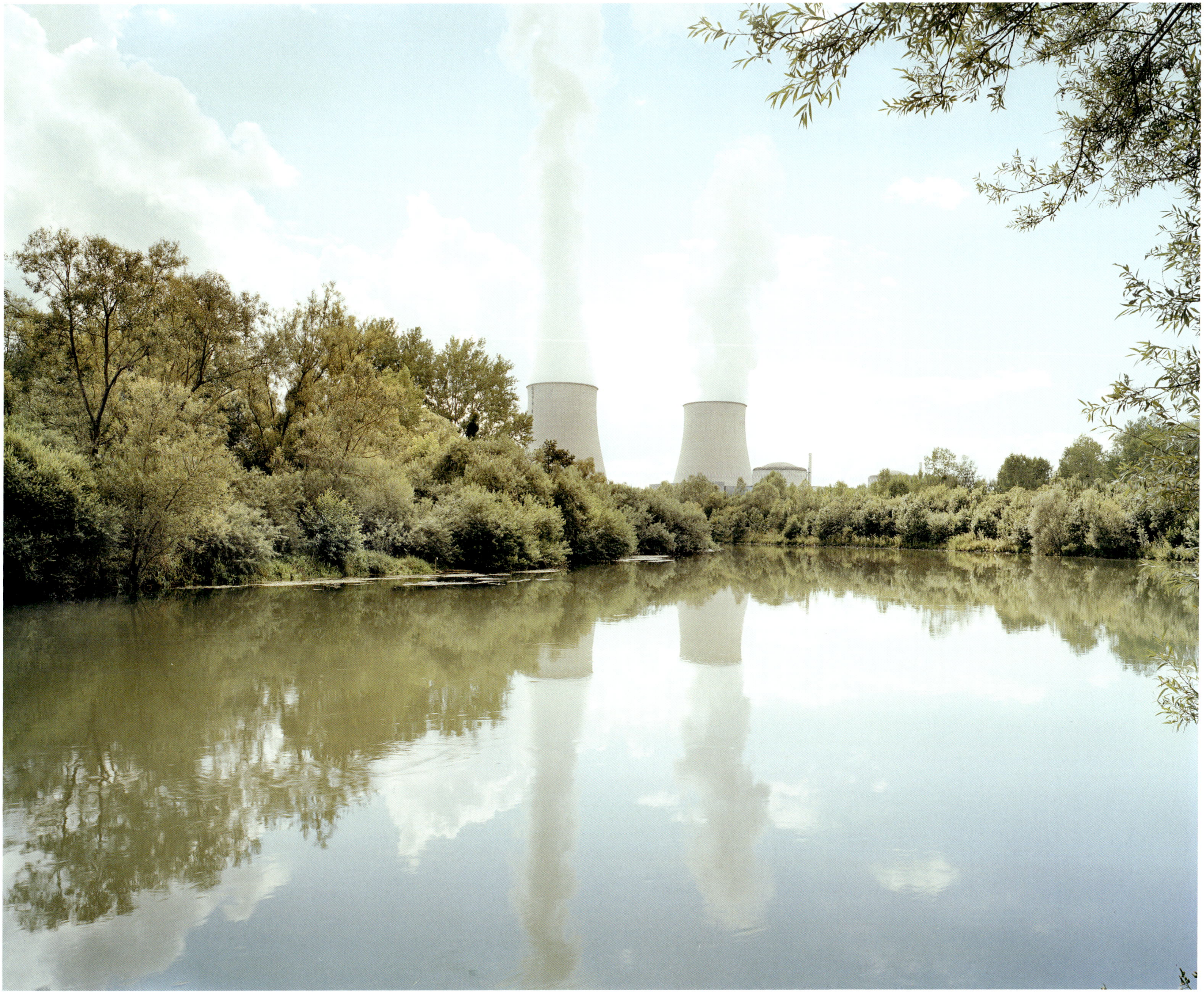

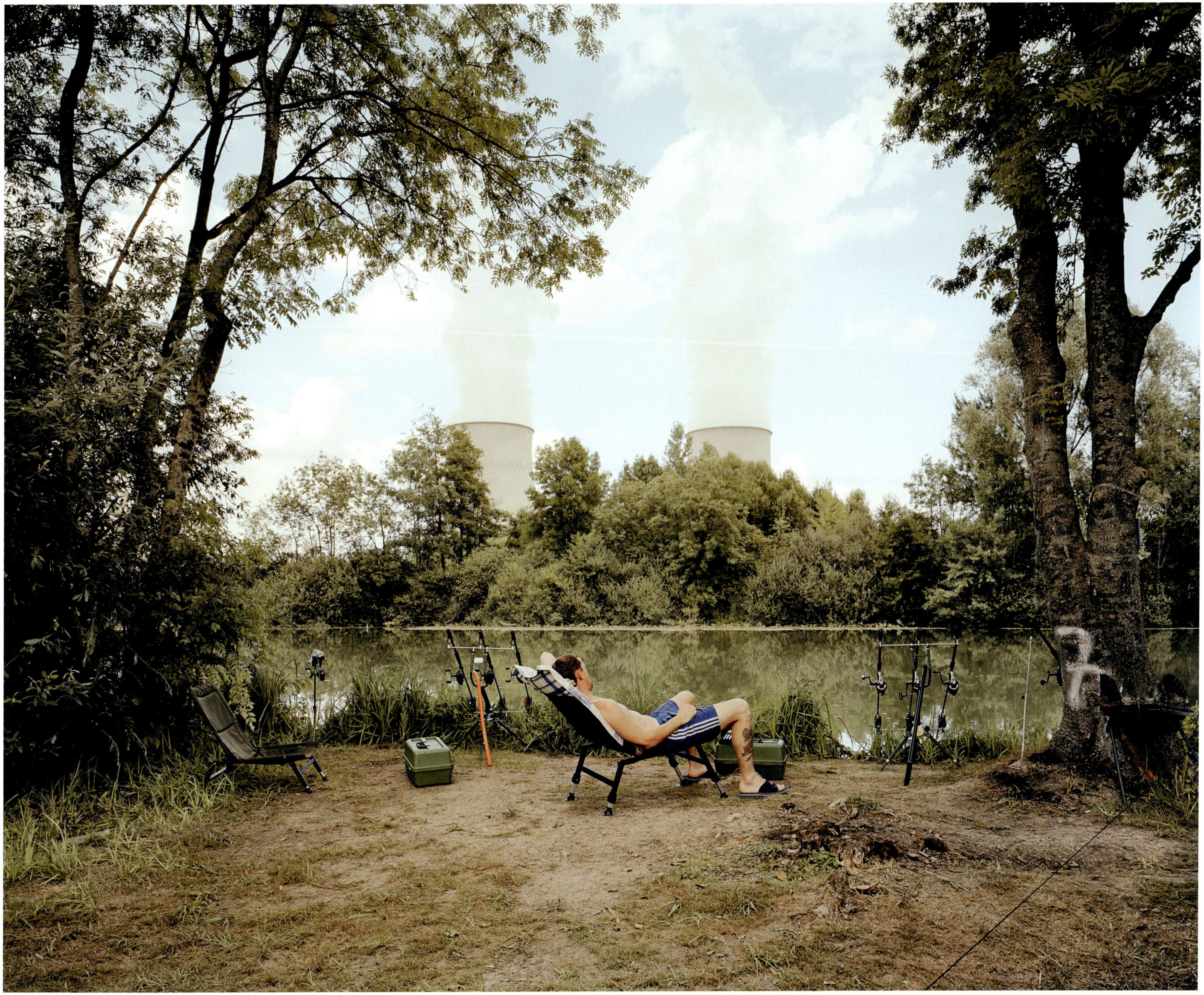

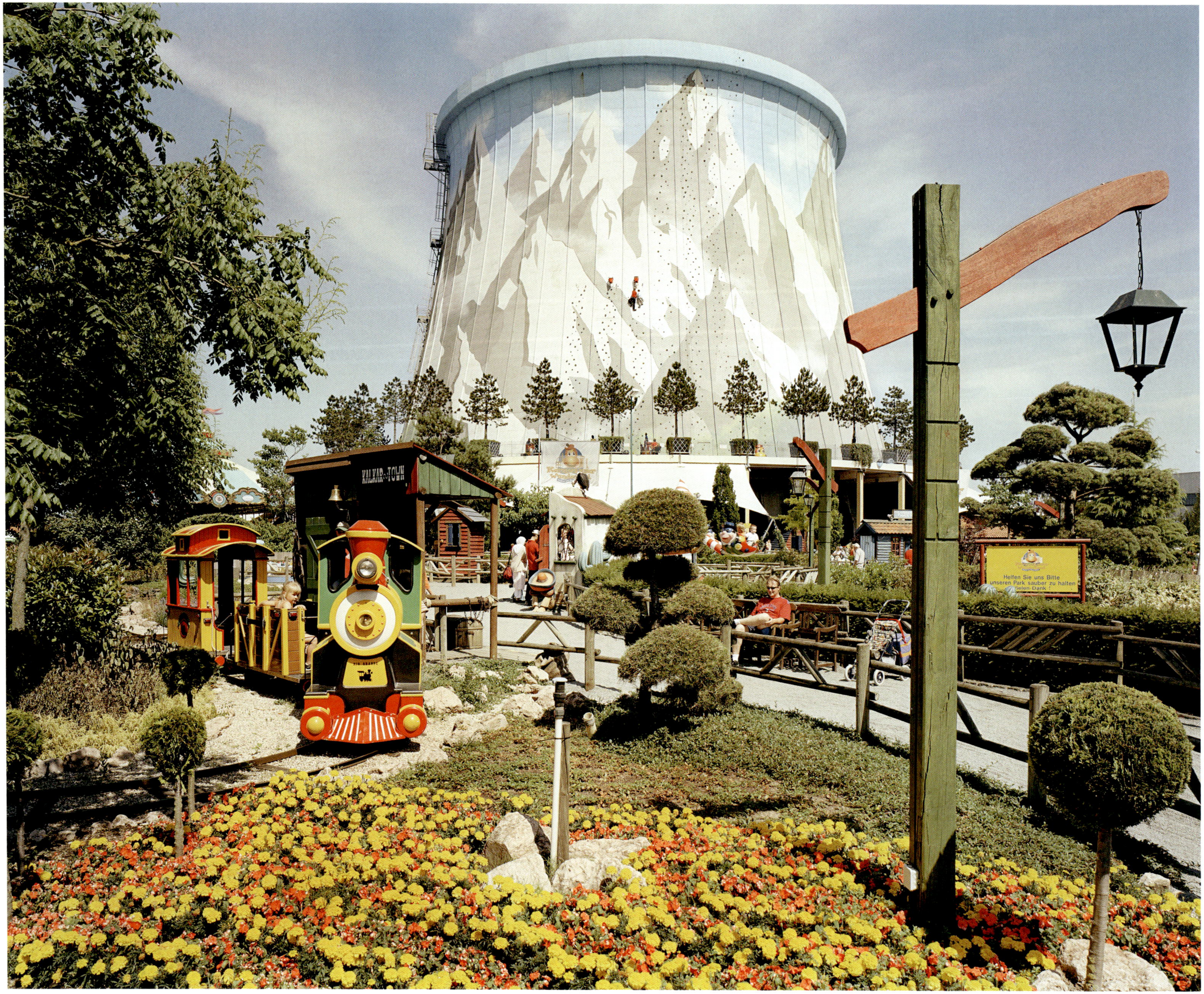
KALKAR TOWN
Helfen Sie uns Bitte
unseren Park sauber zu halten
ielen Dank !

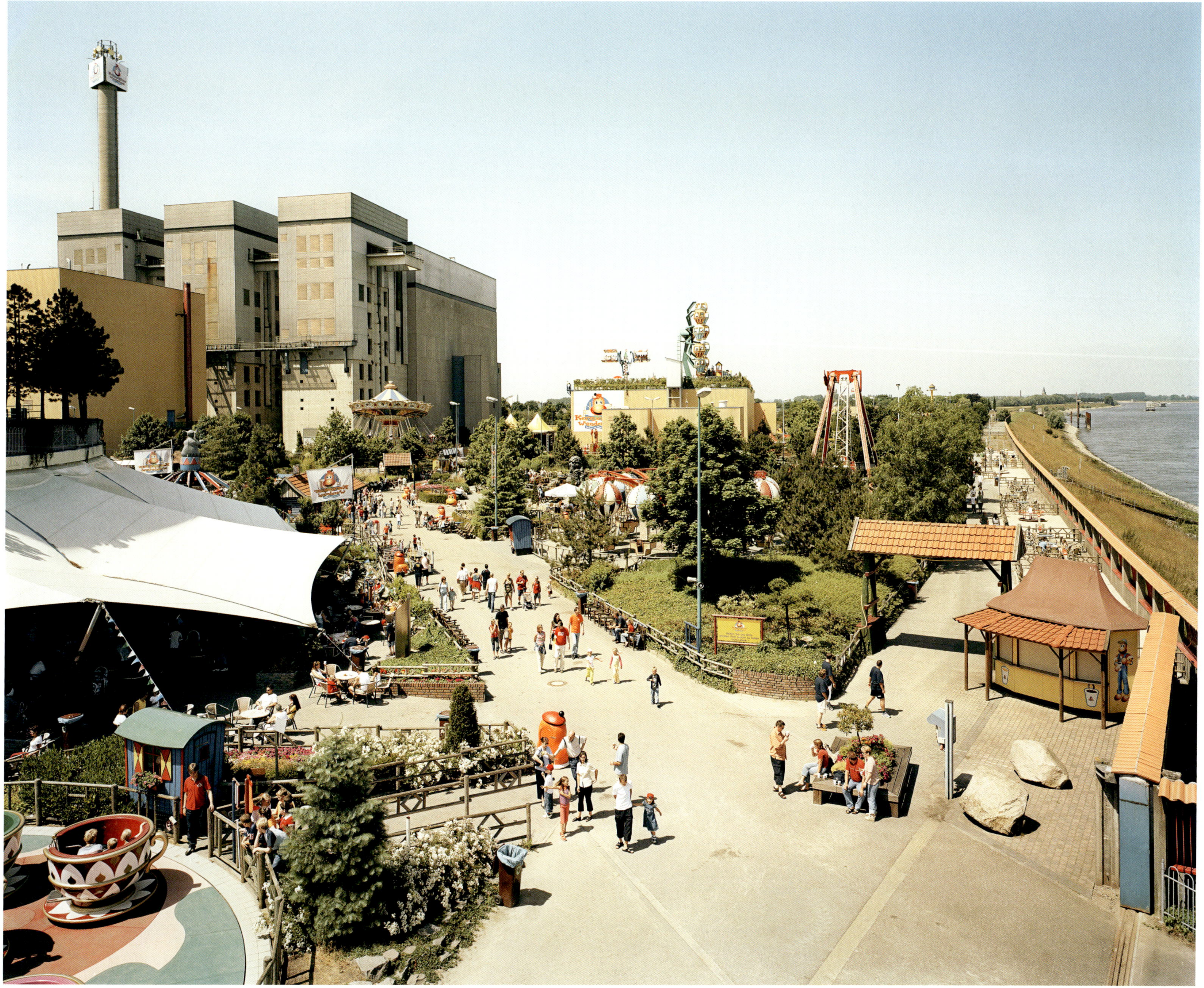

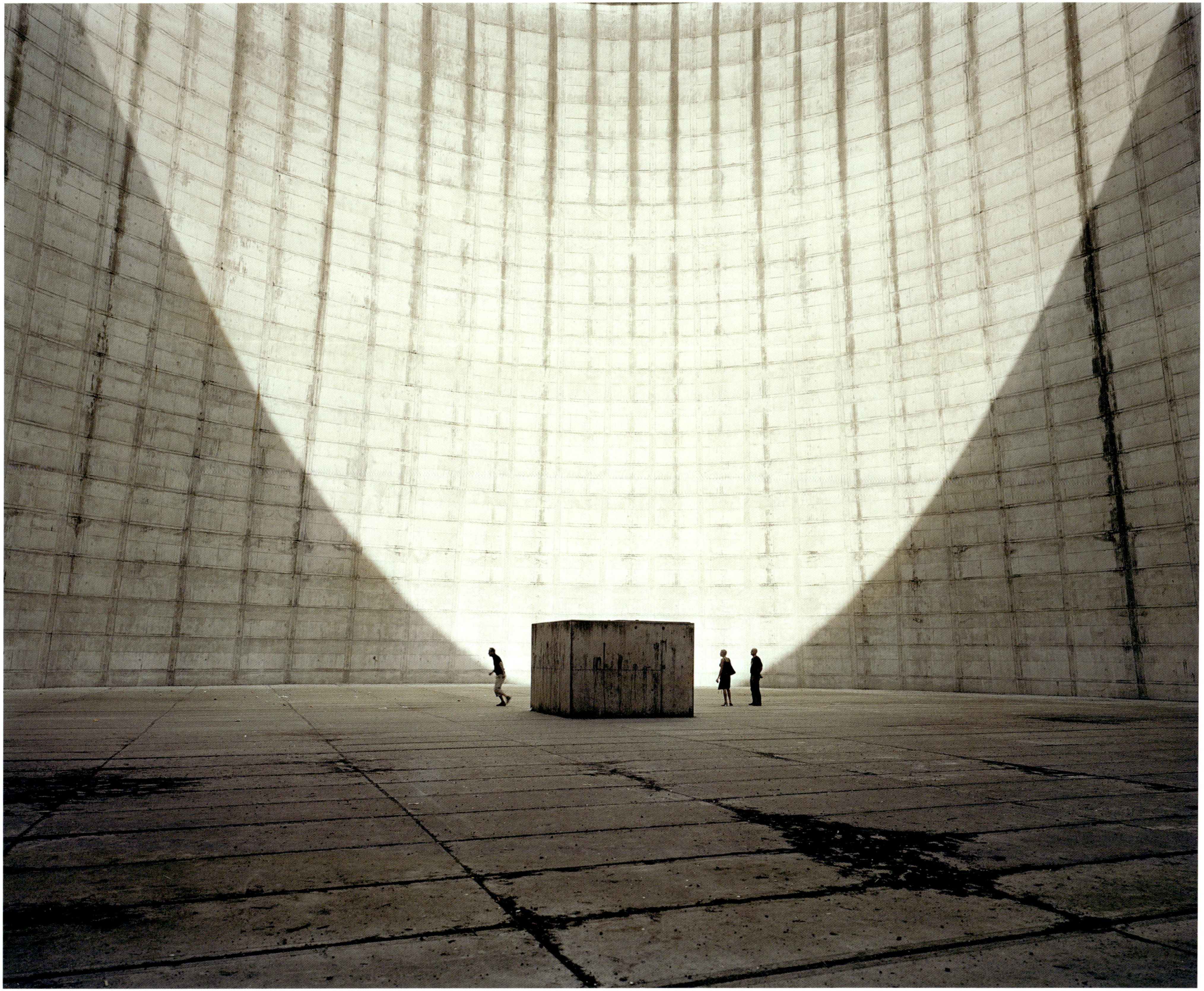

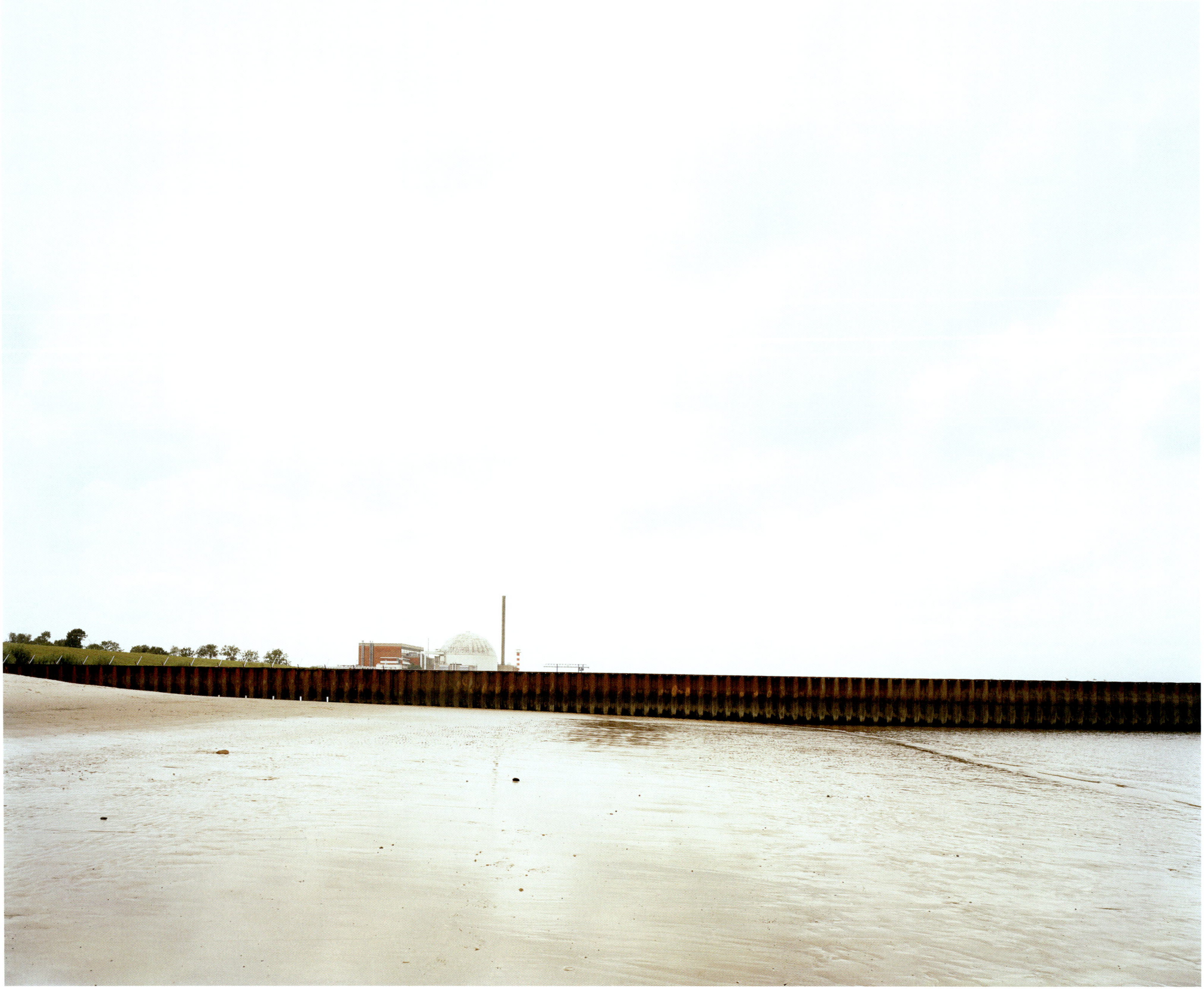

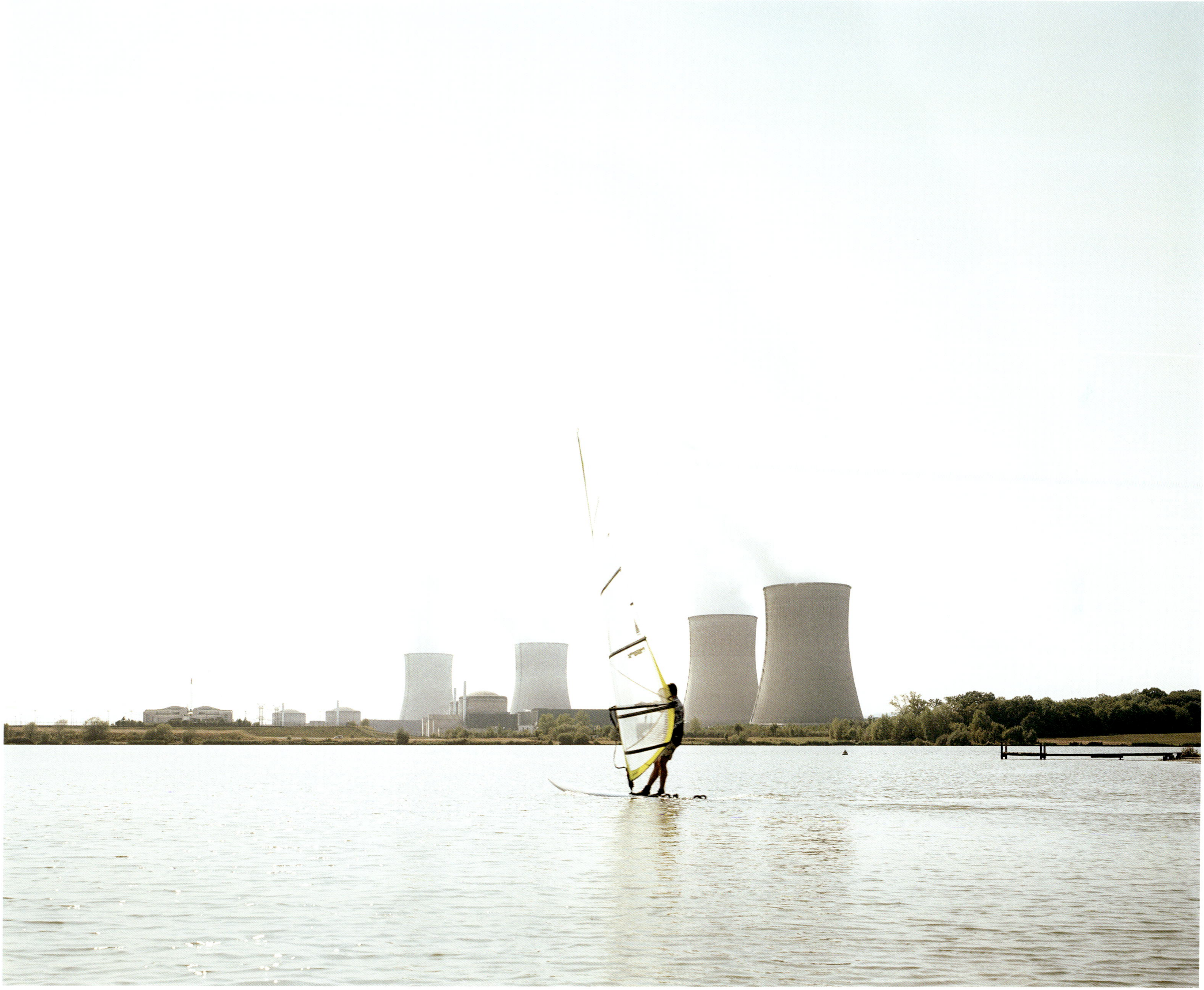

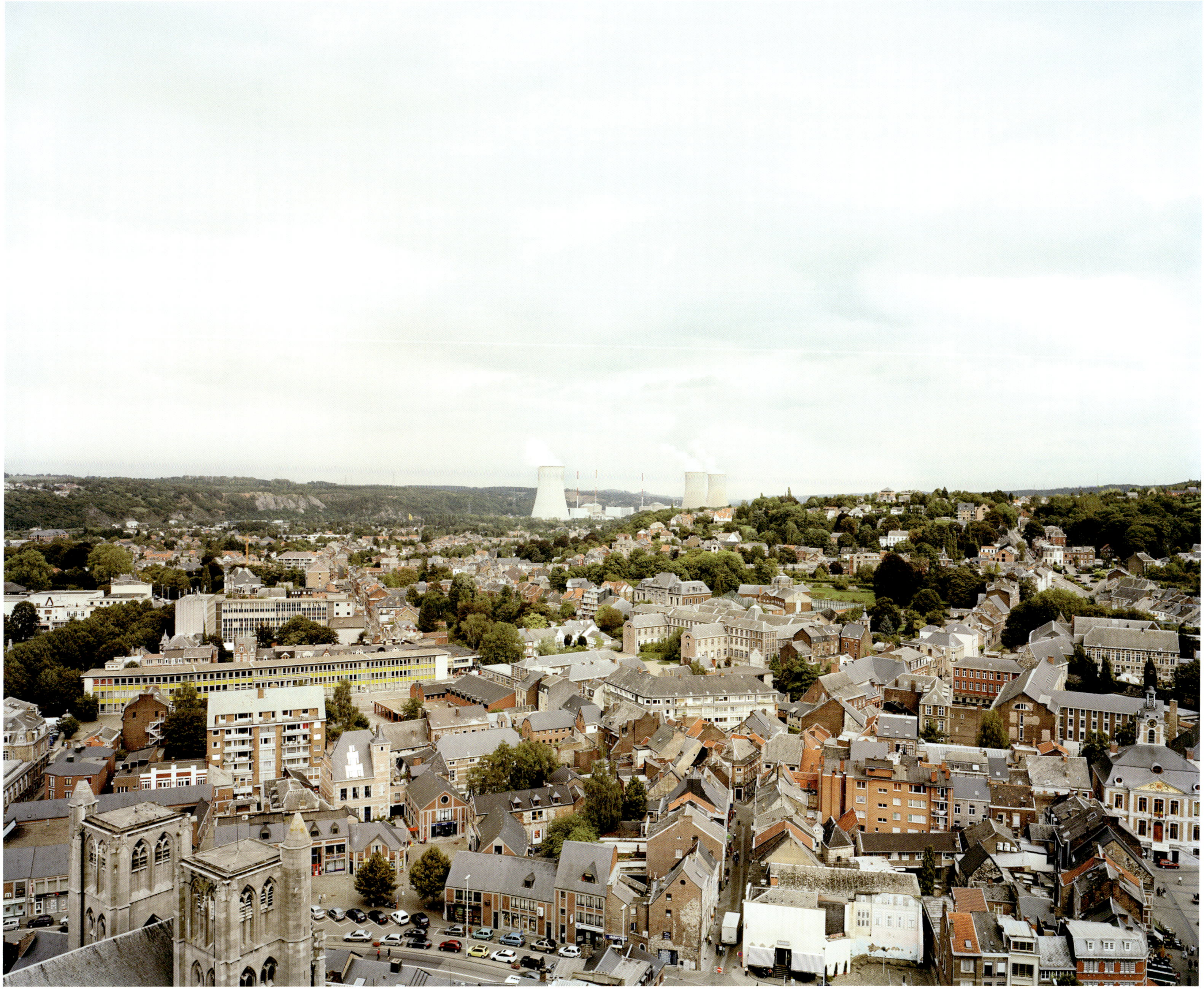

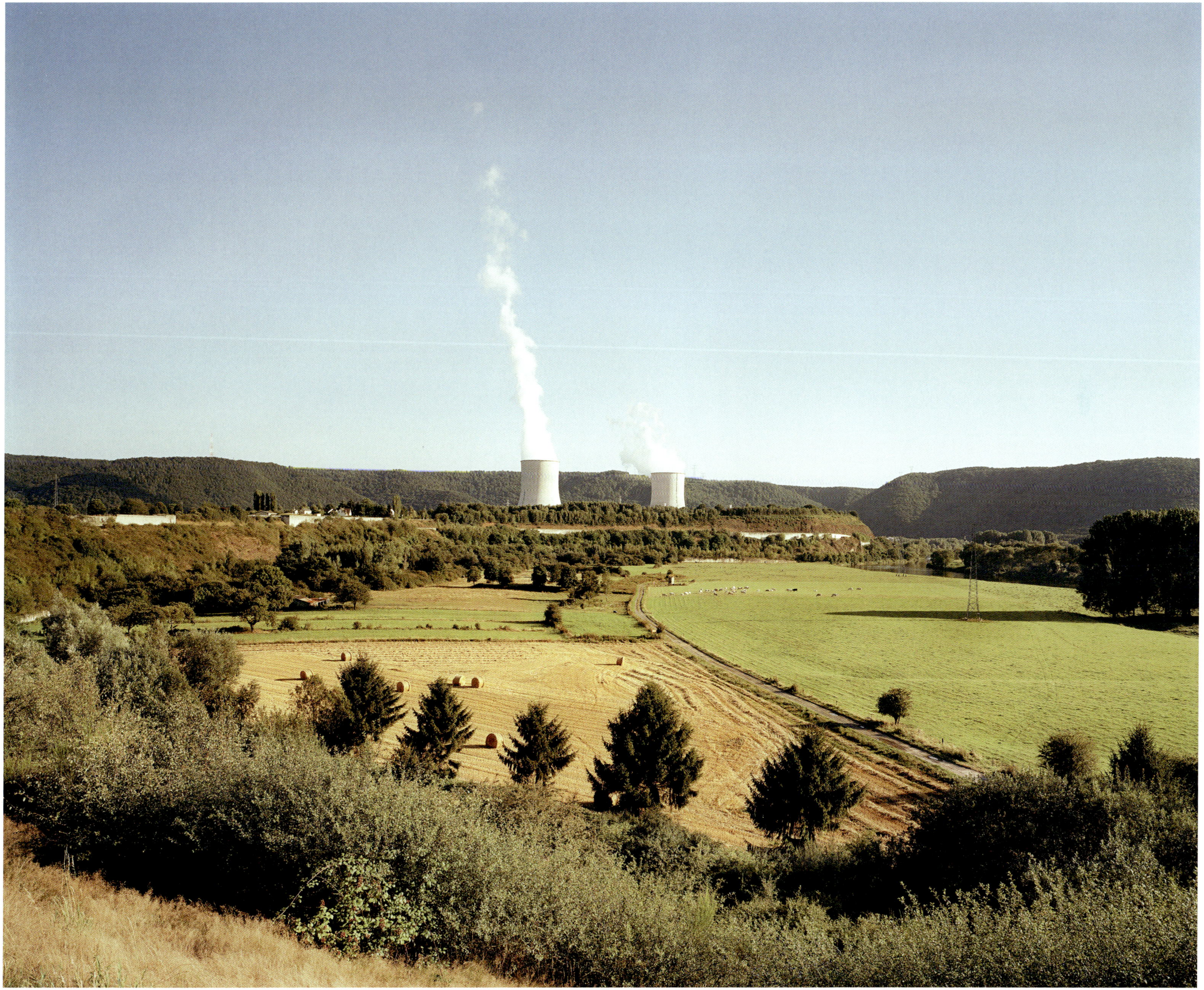

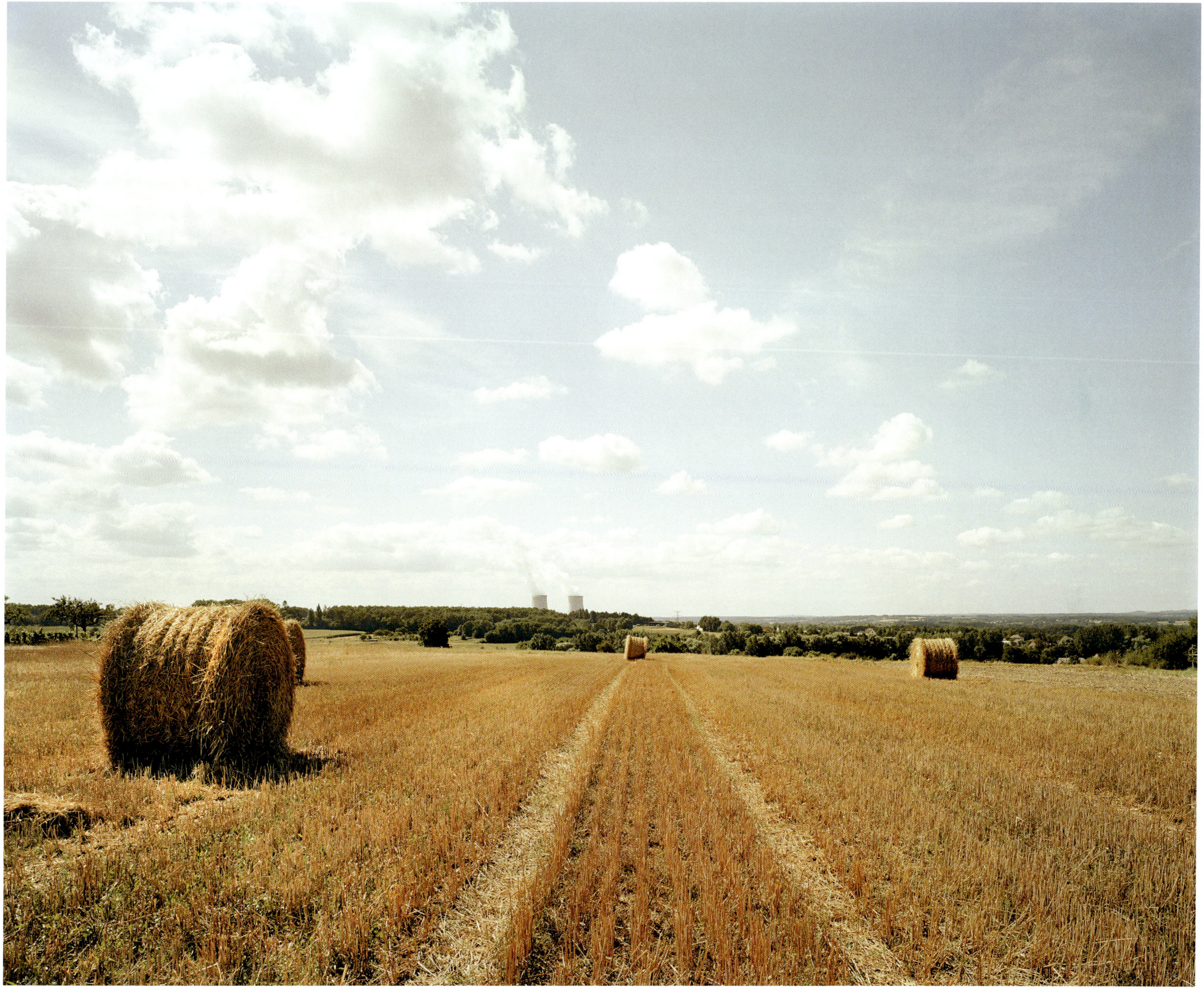

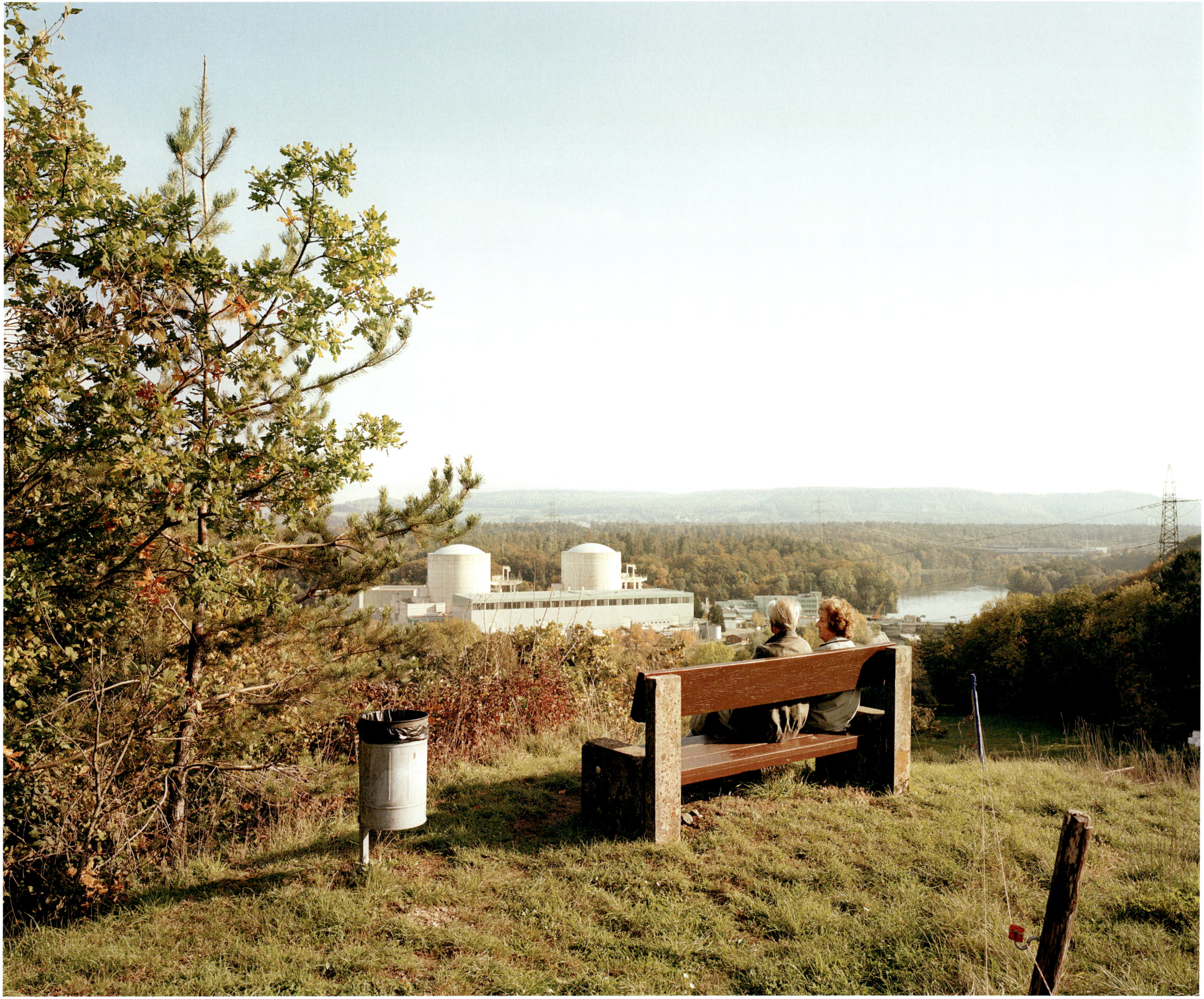

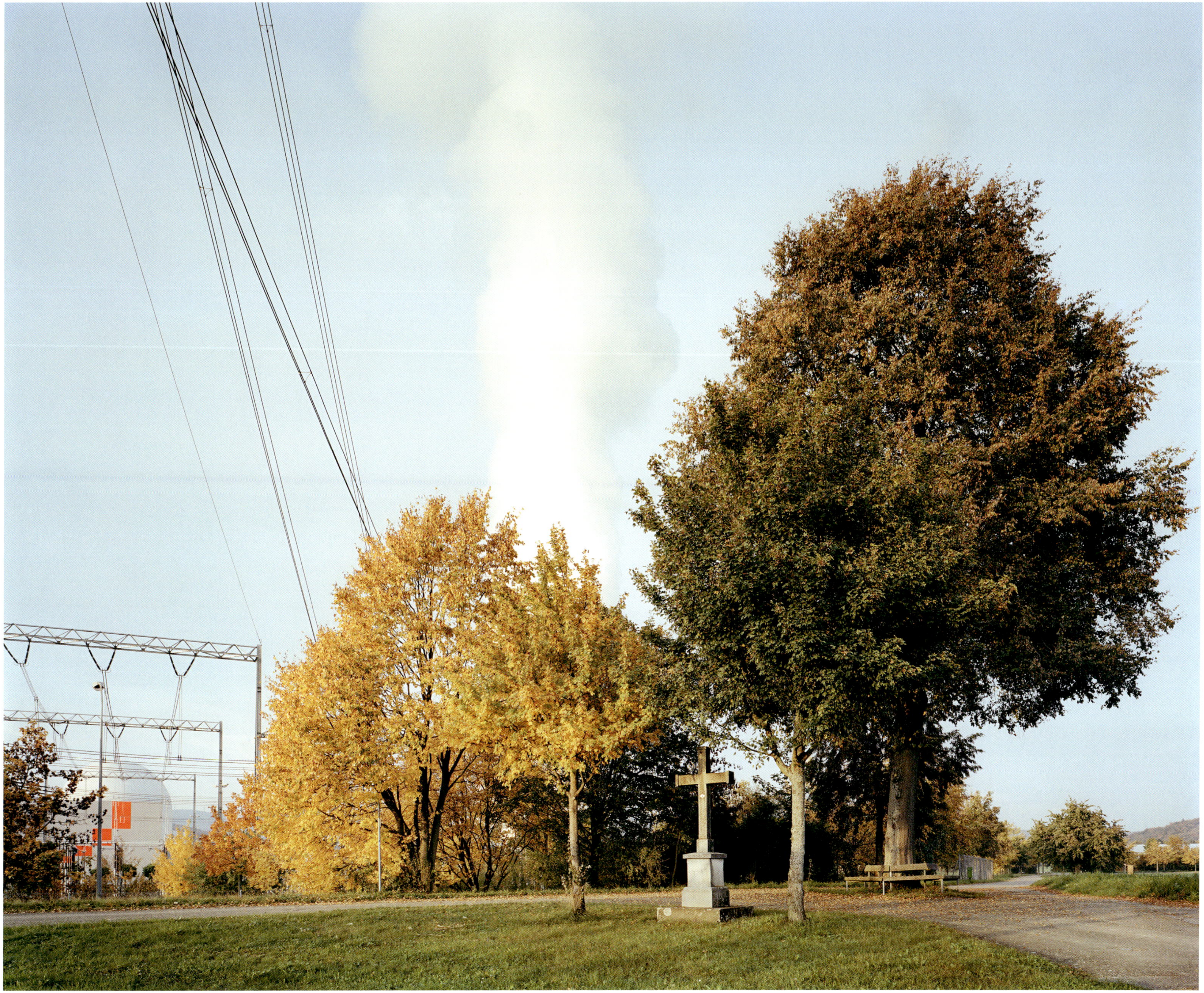

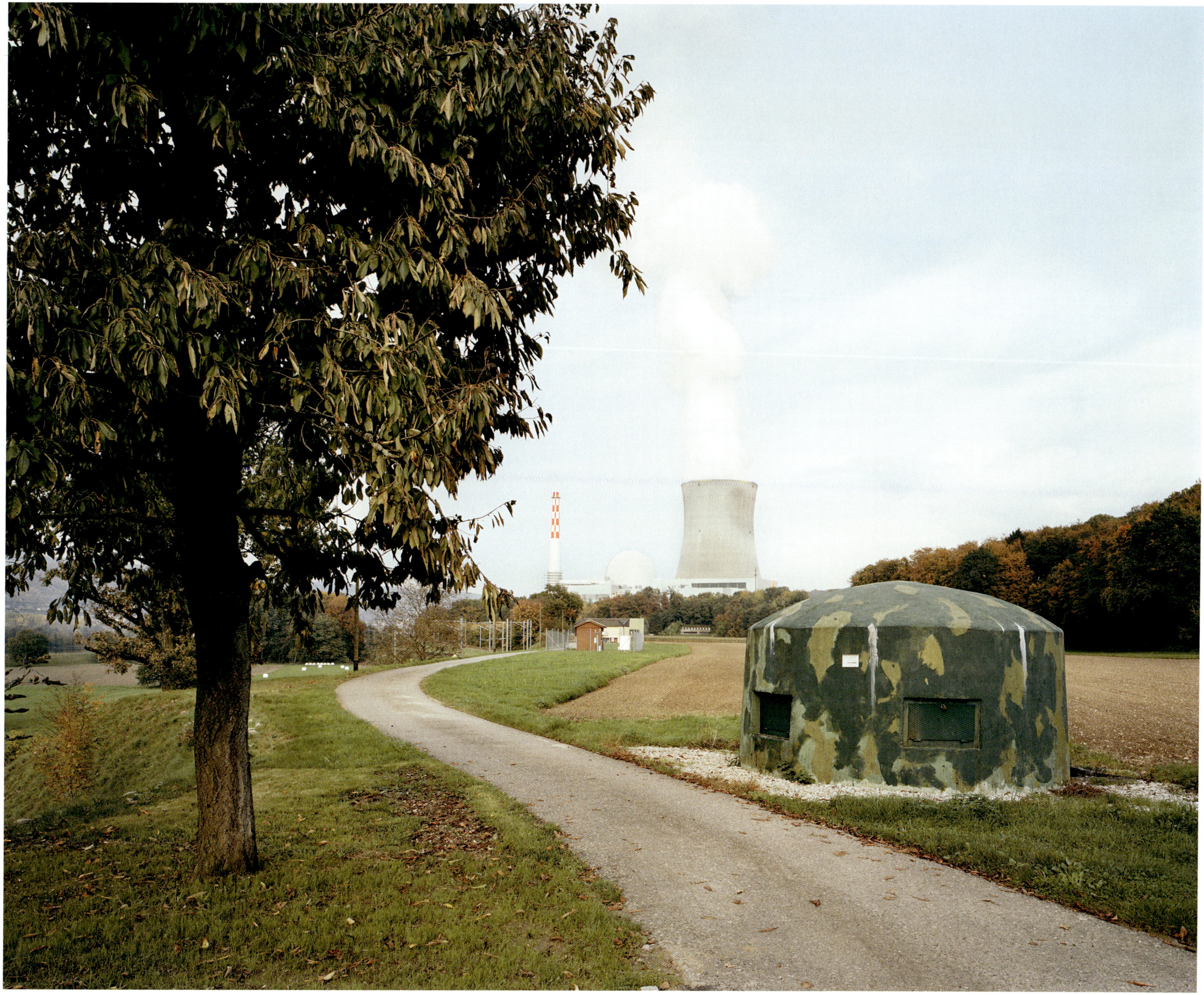

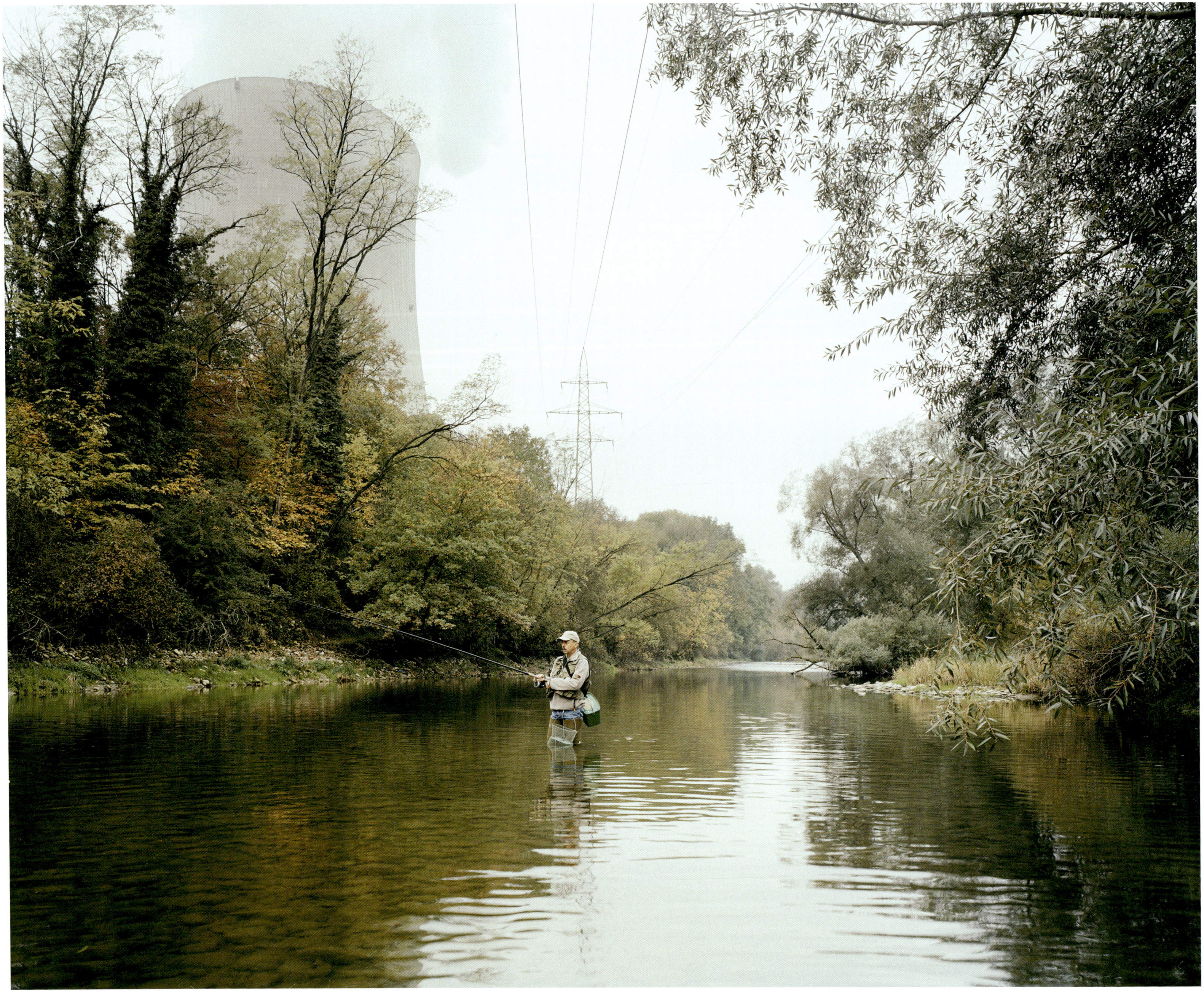

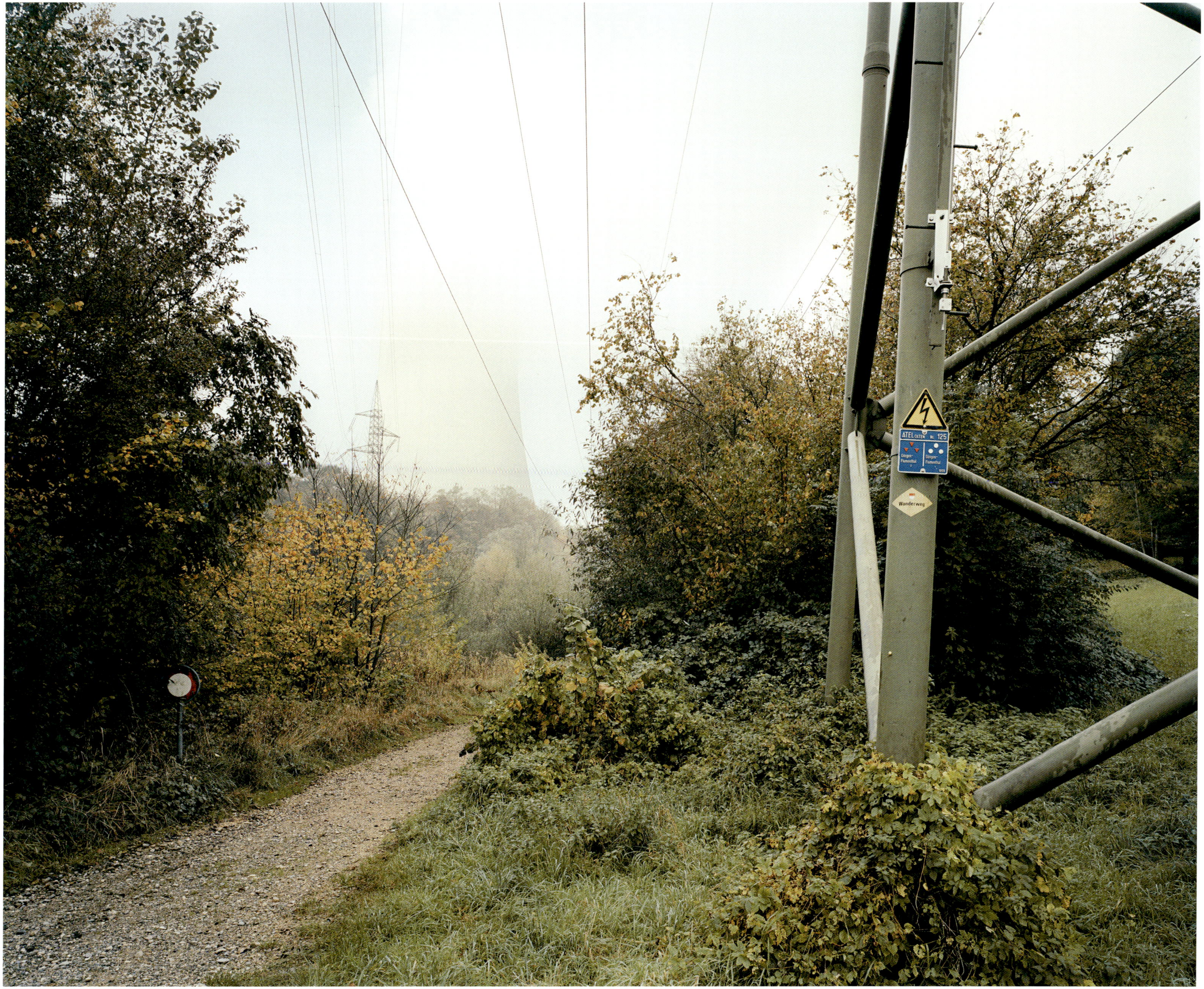
ATEL OLTEN Nr. 125
Gösgen-
Flumenthal
Gösgen-
Flumenthal
1959
Wanderweg

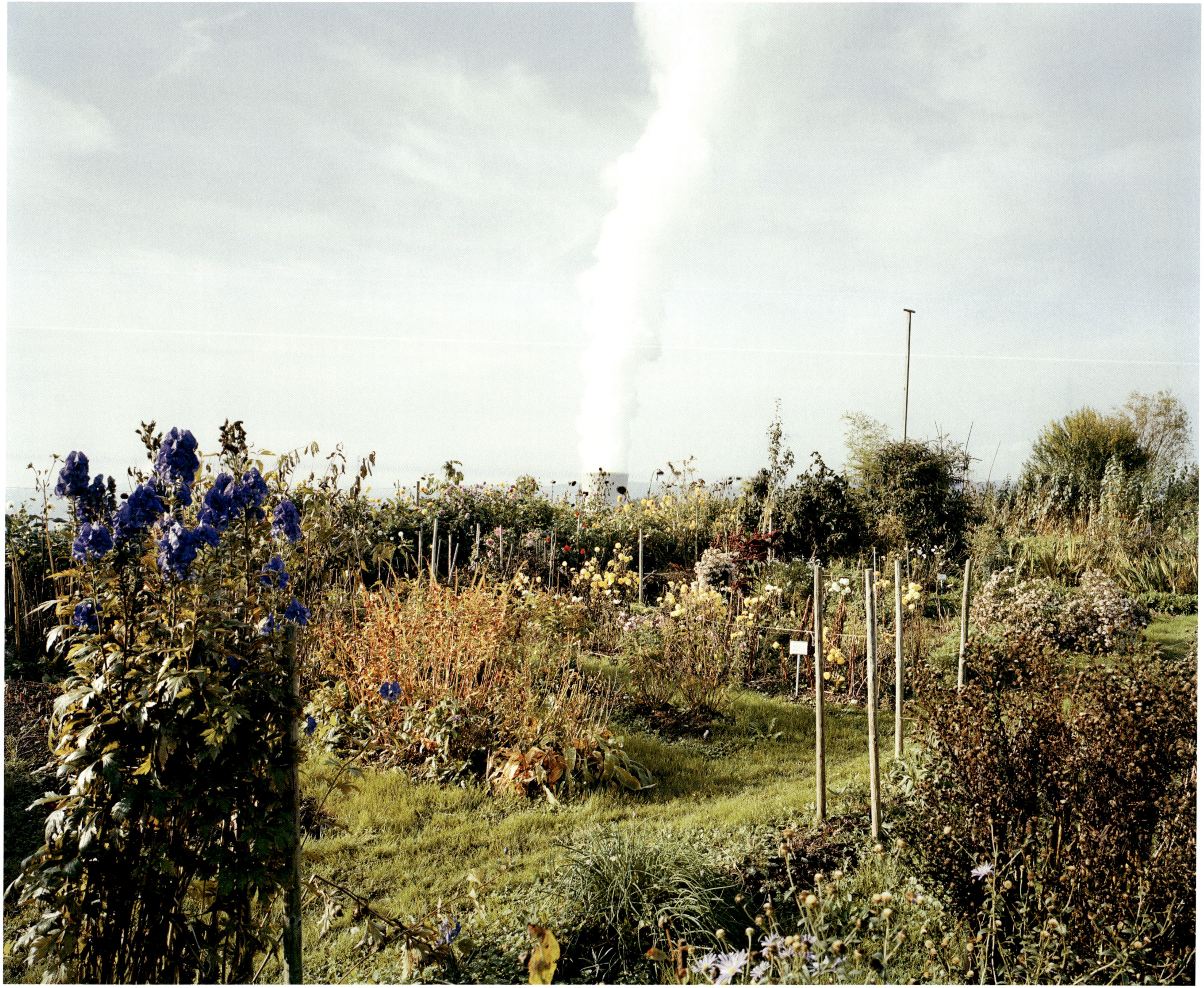

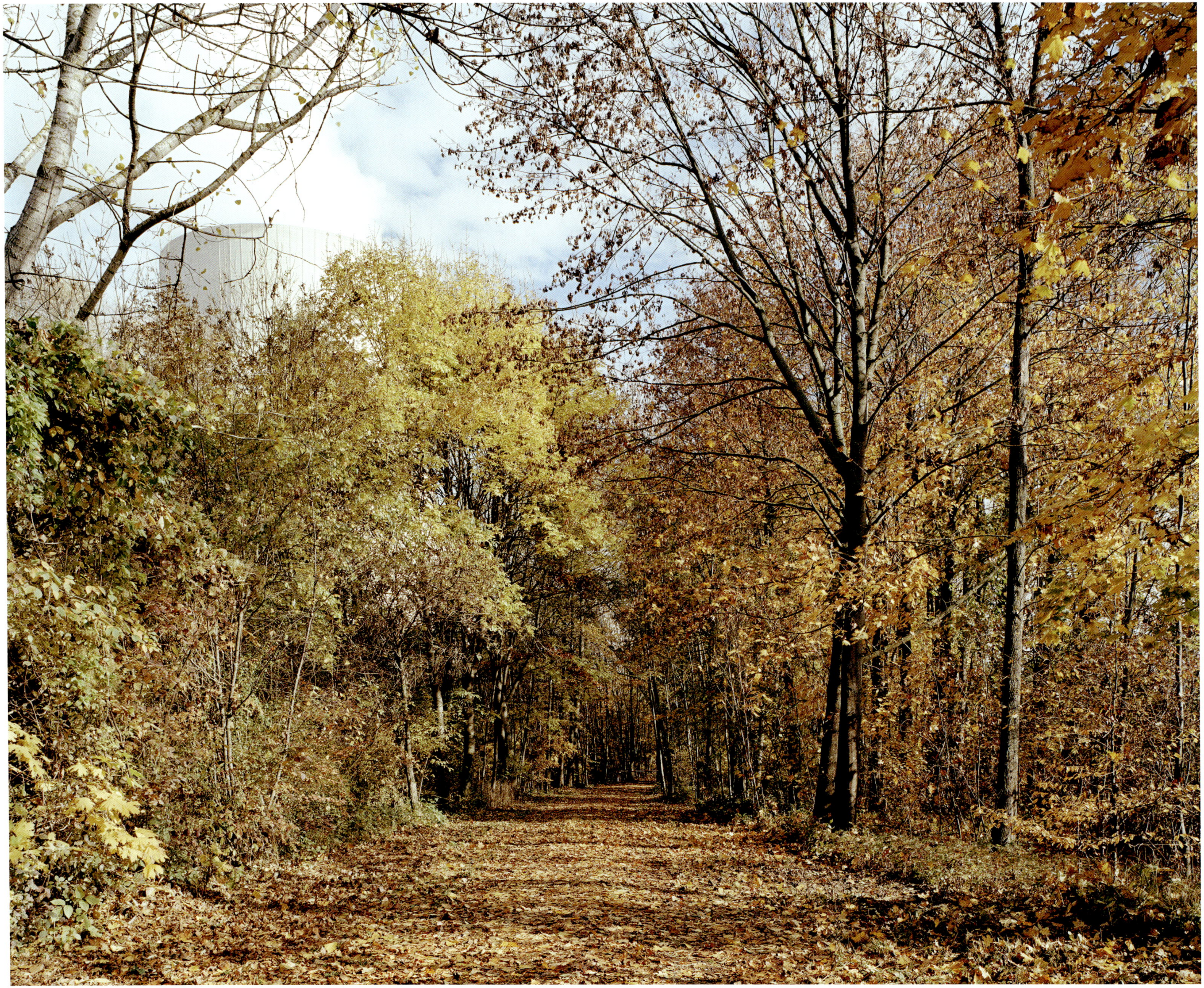

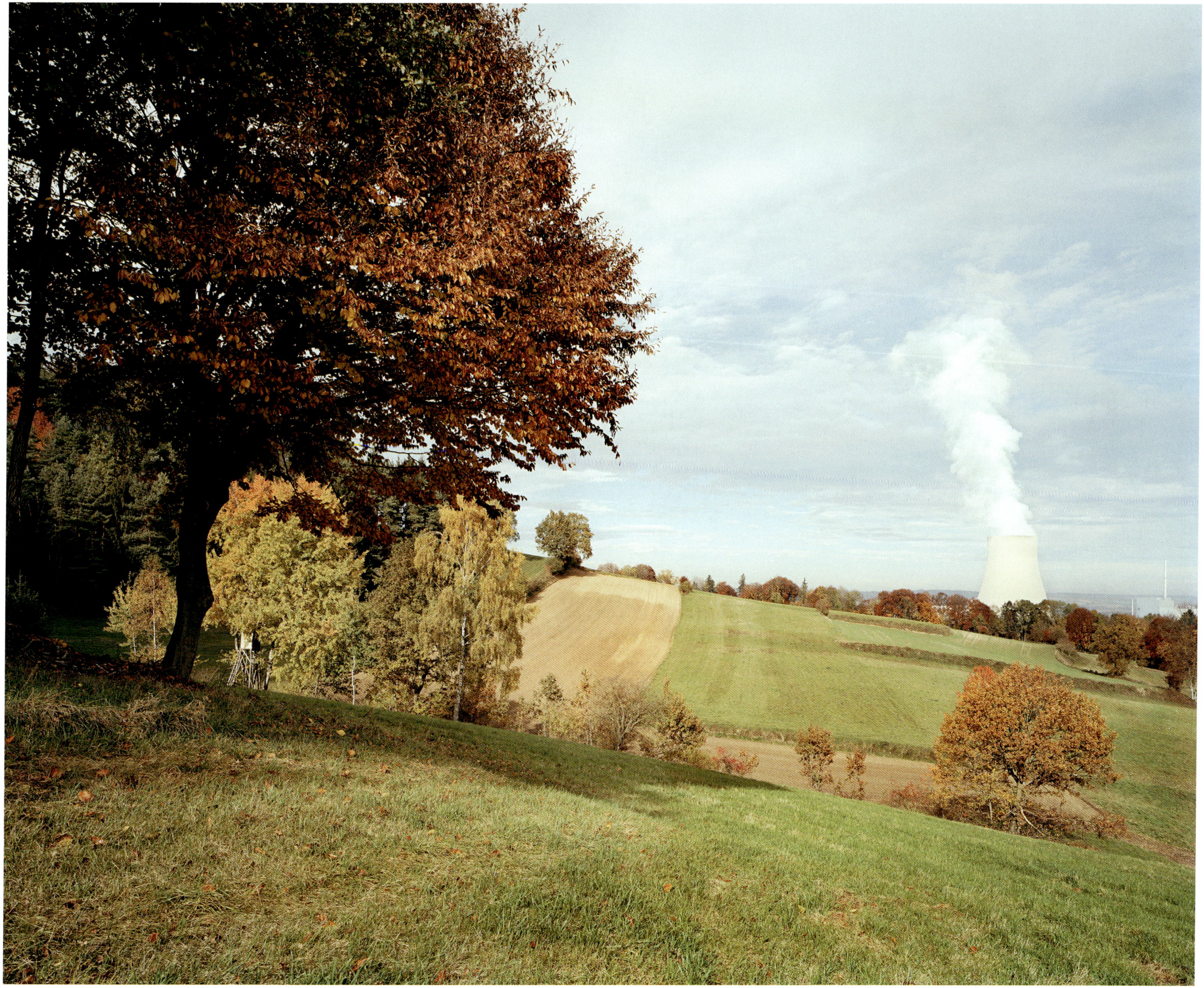

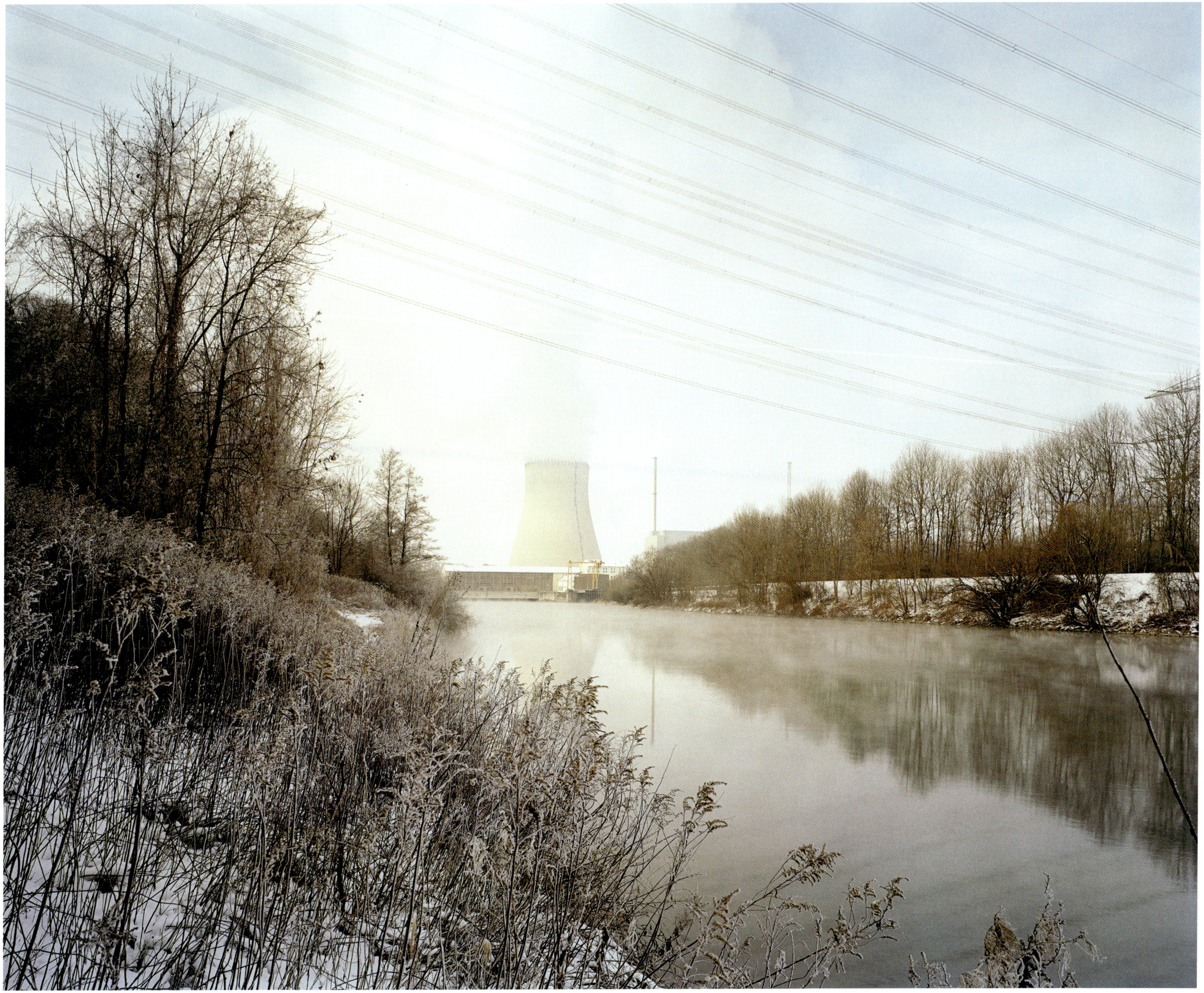

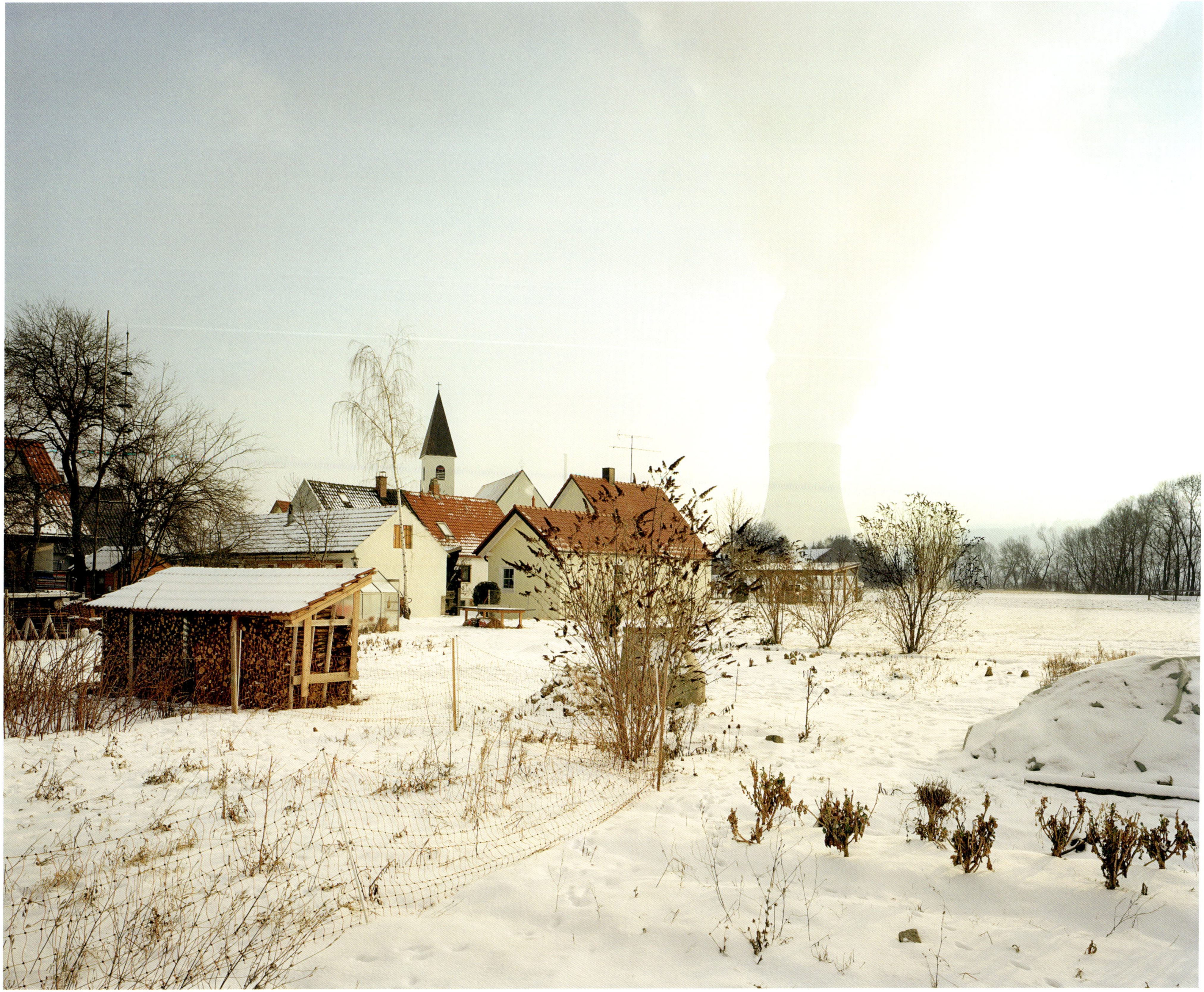

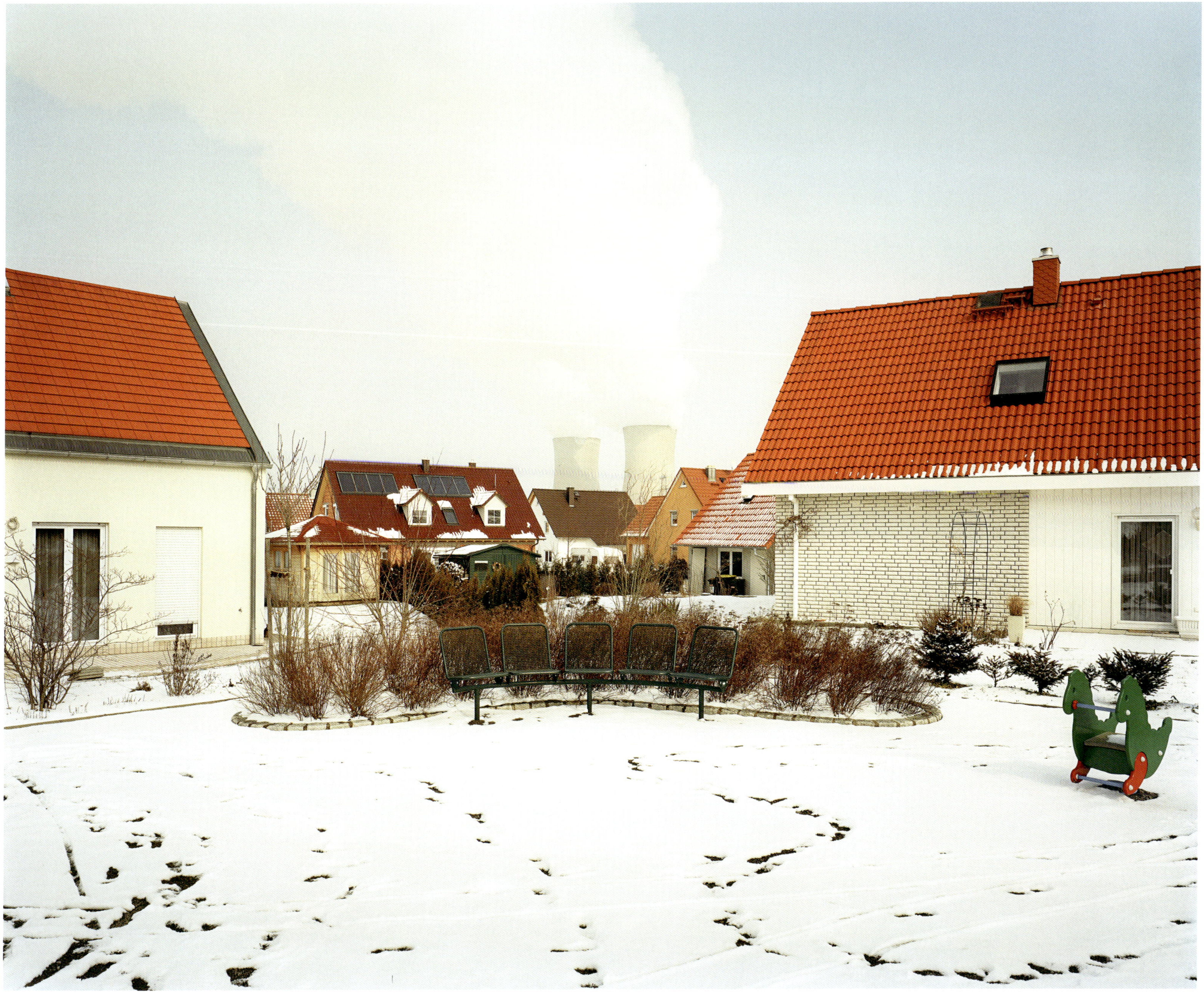

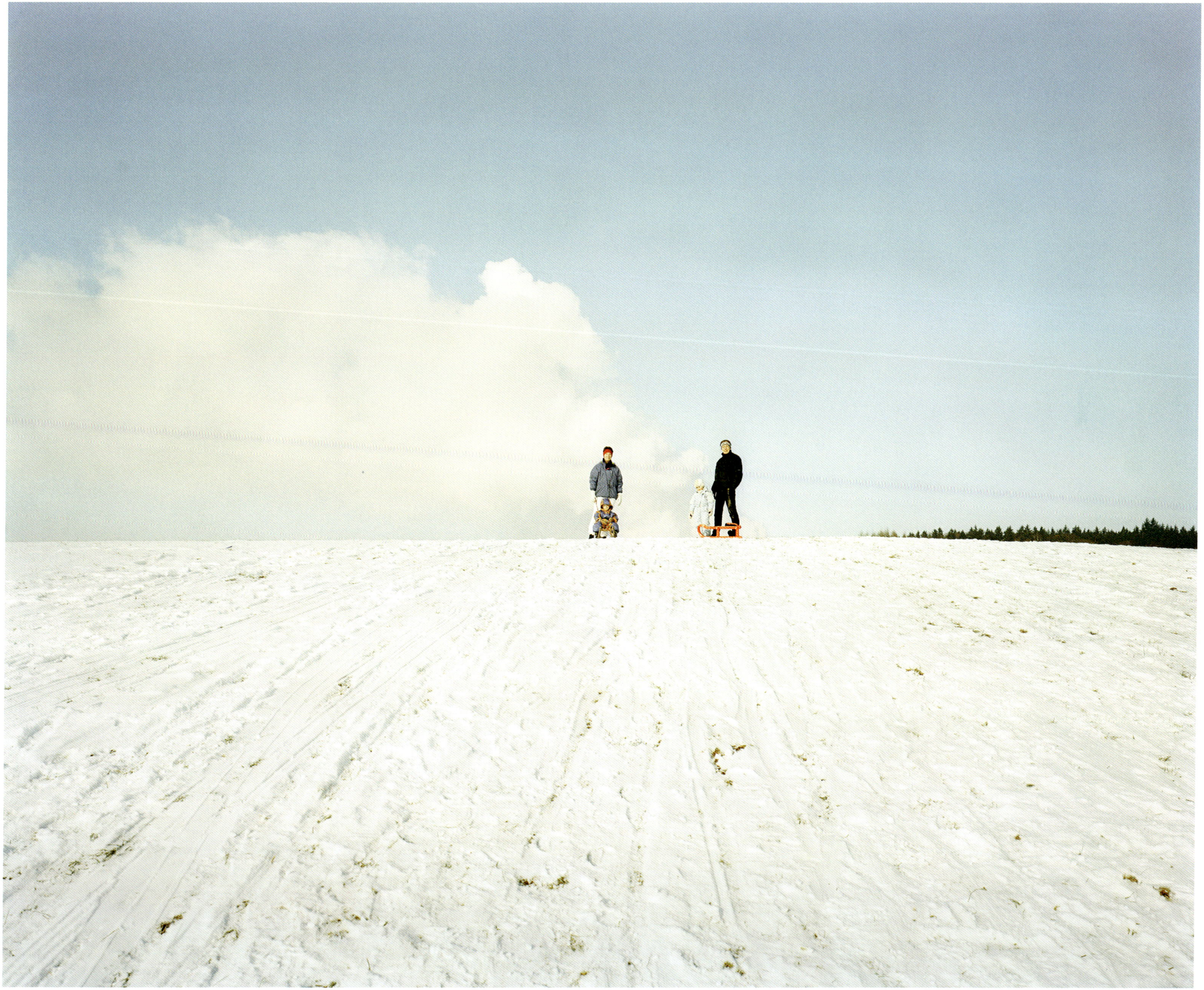

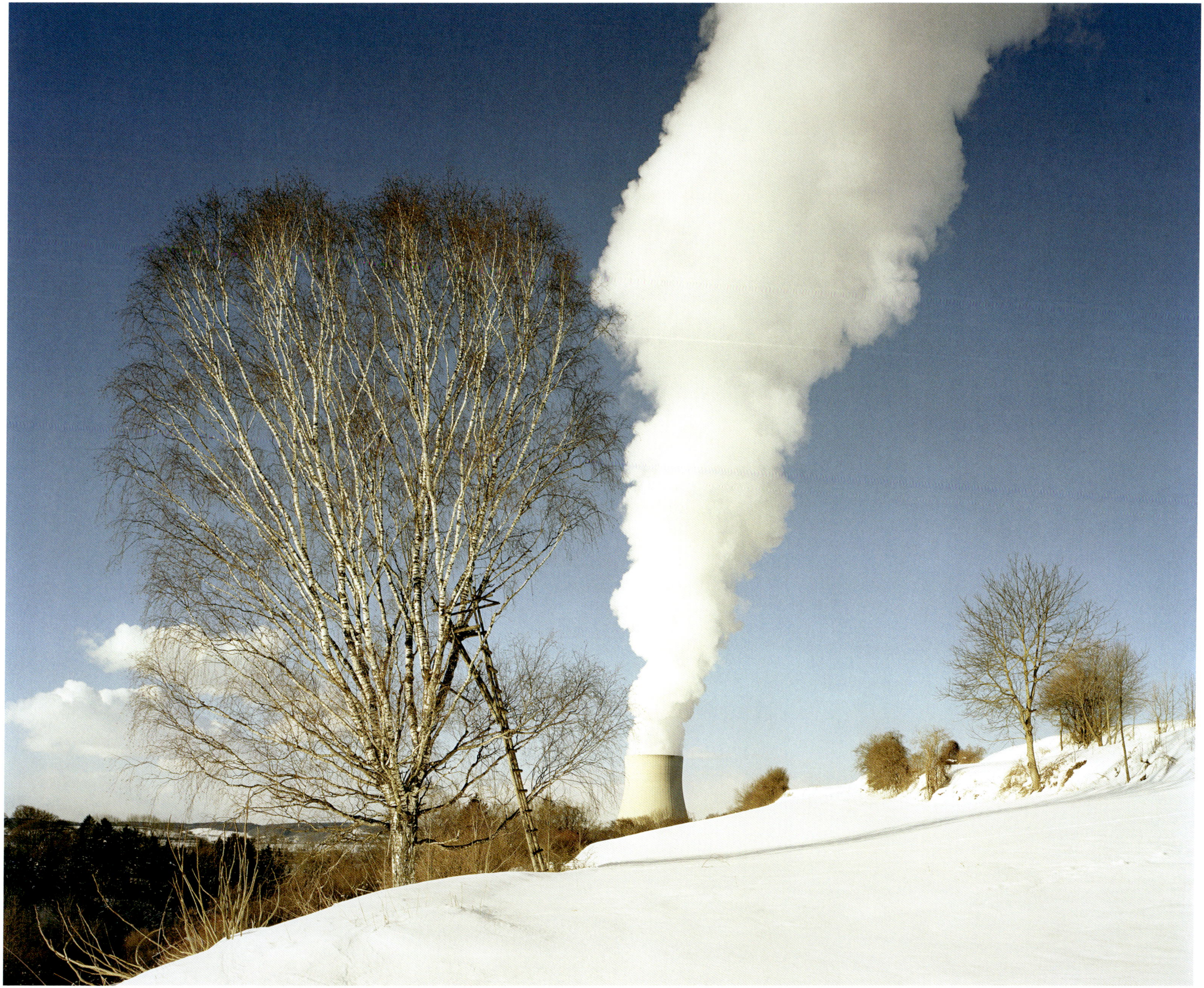

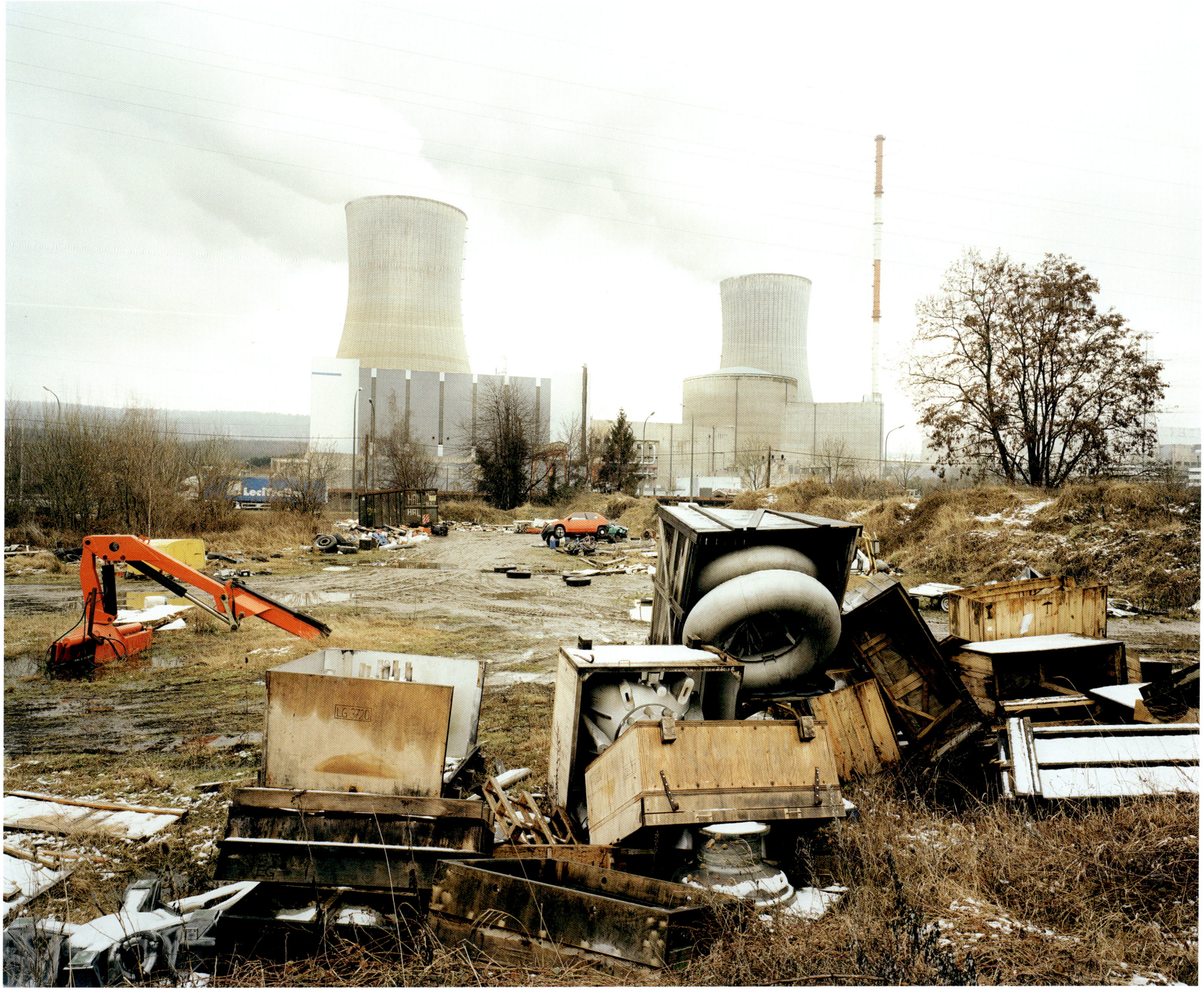

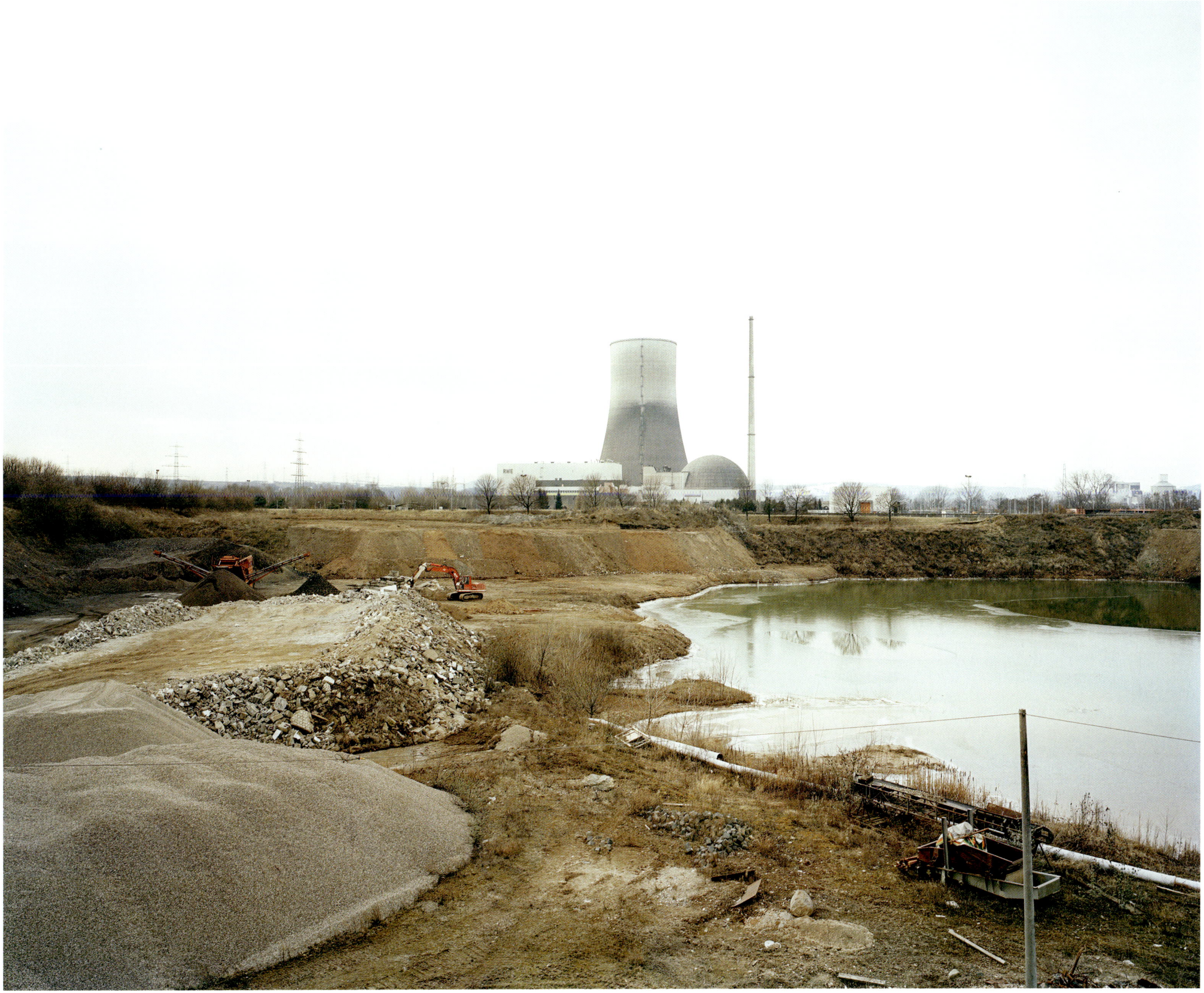
RWE

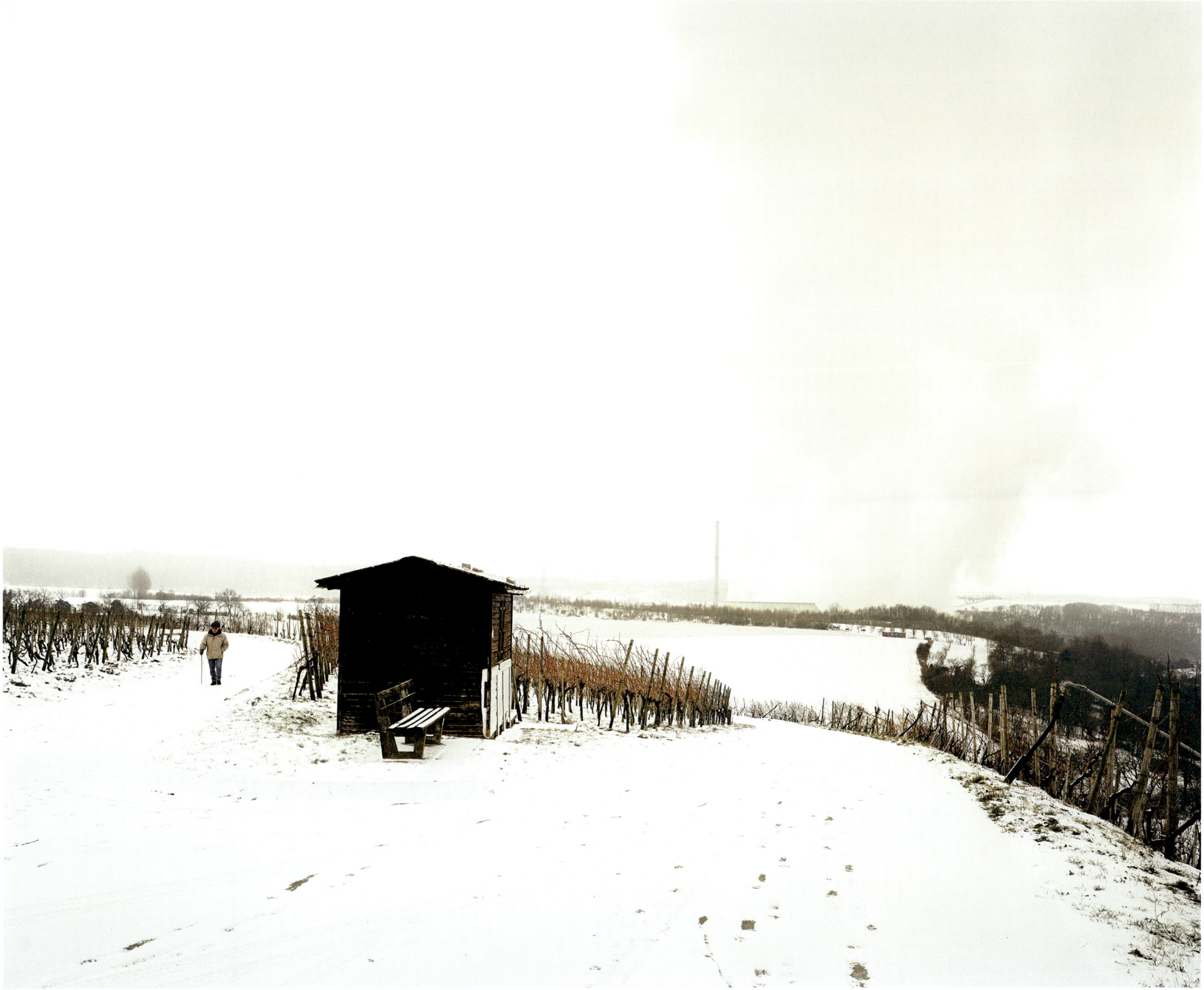

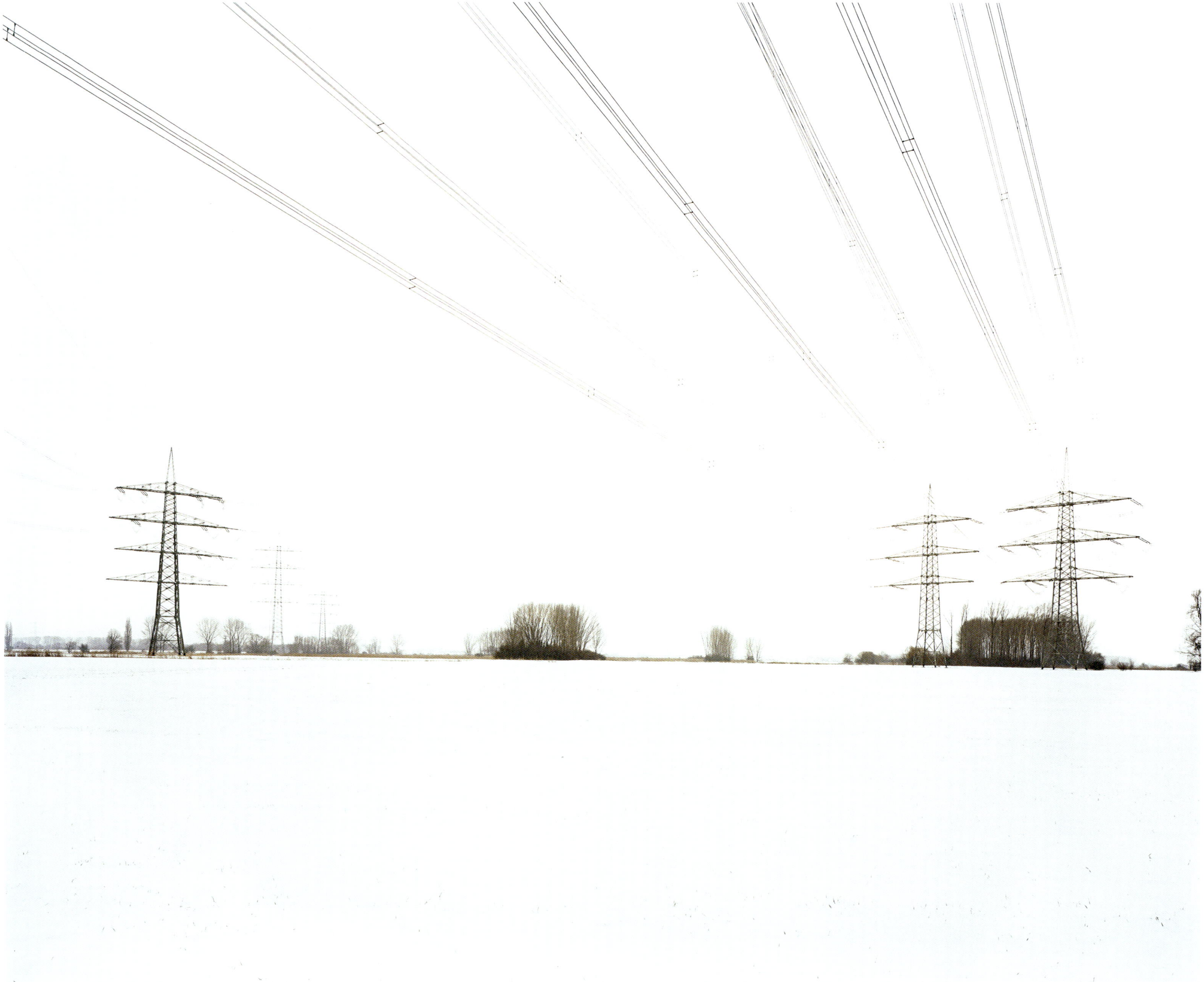

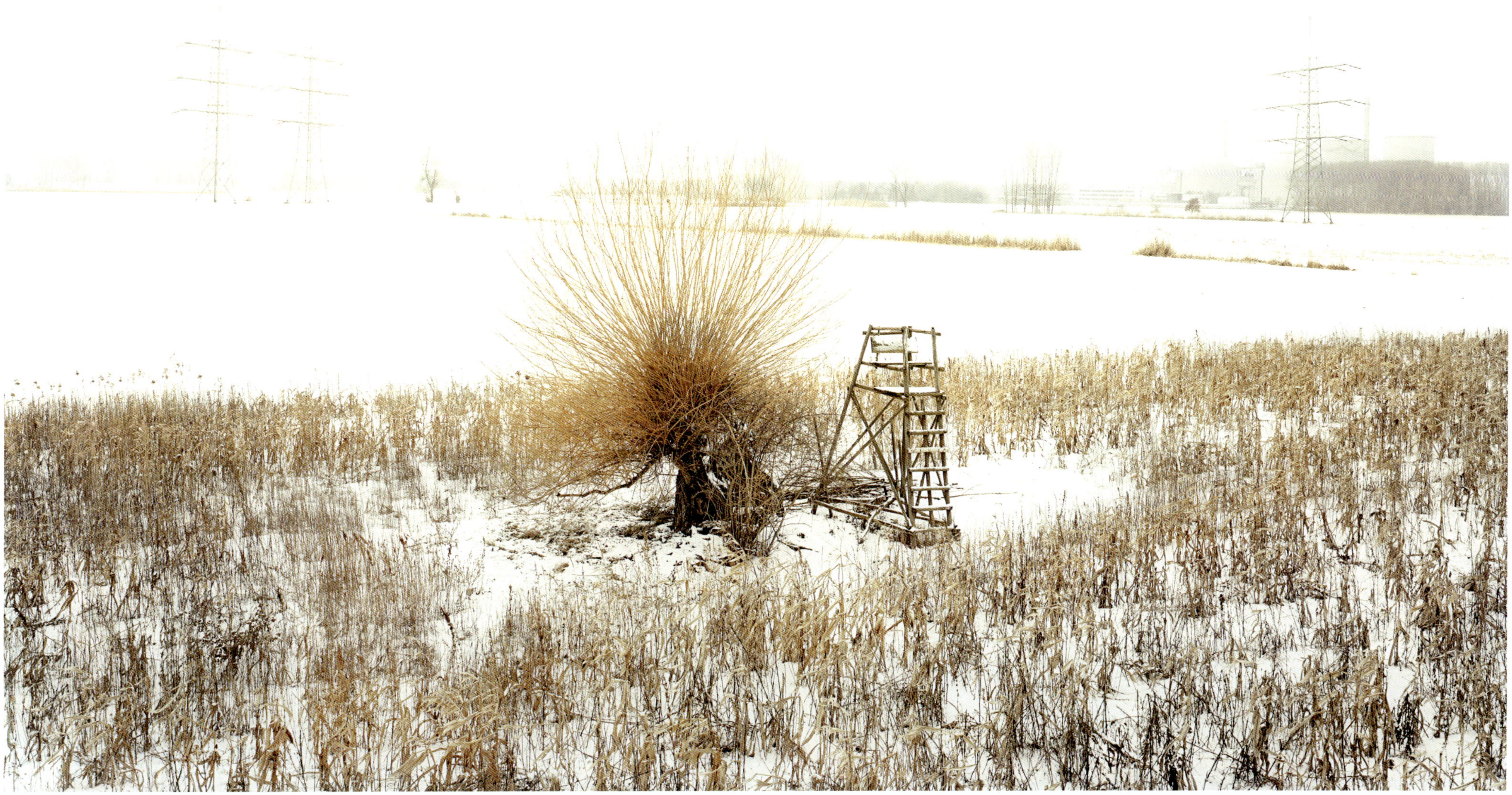

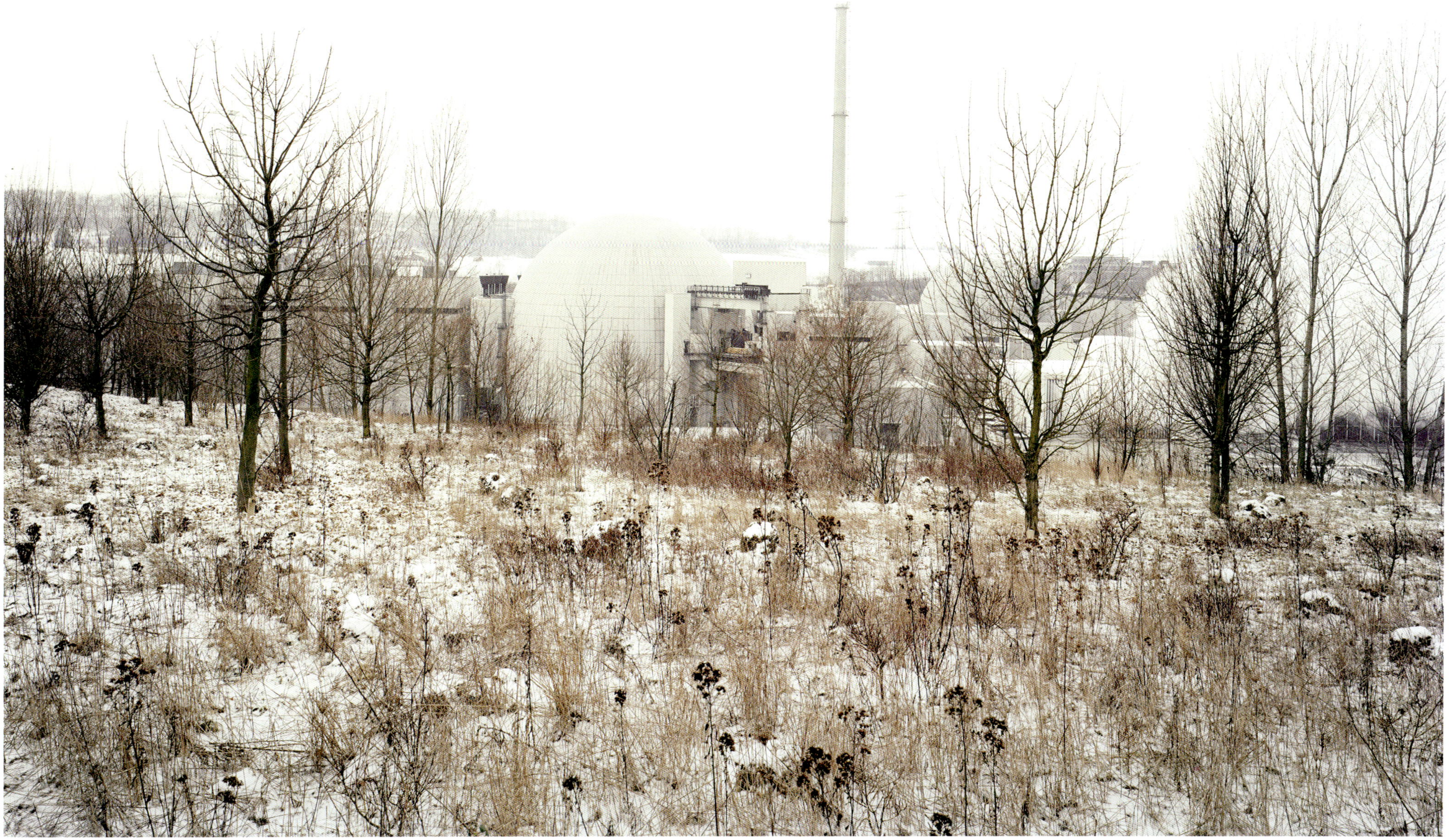

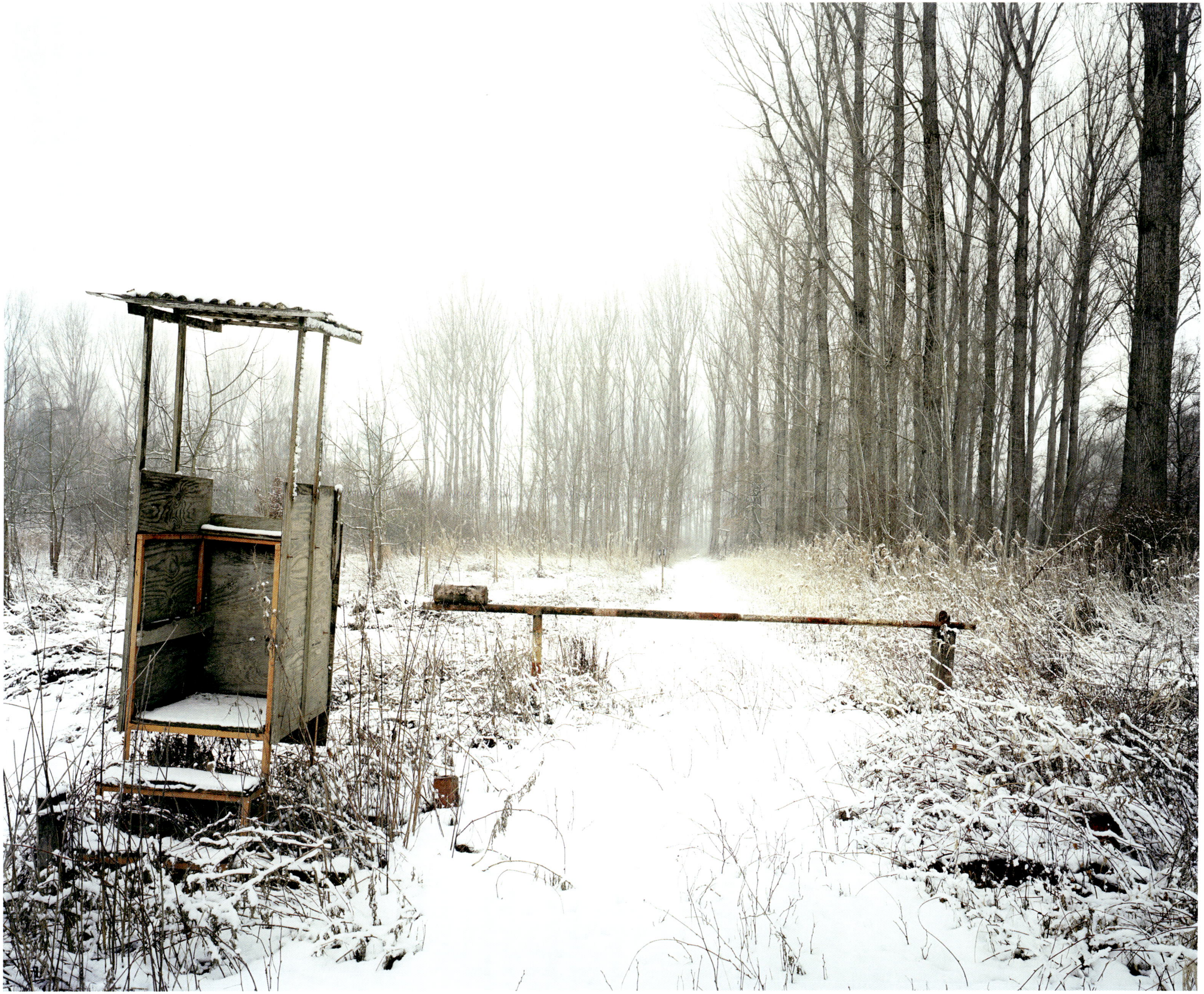

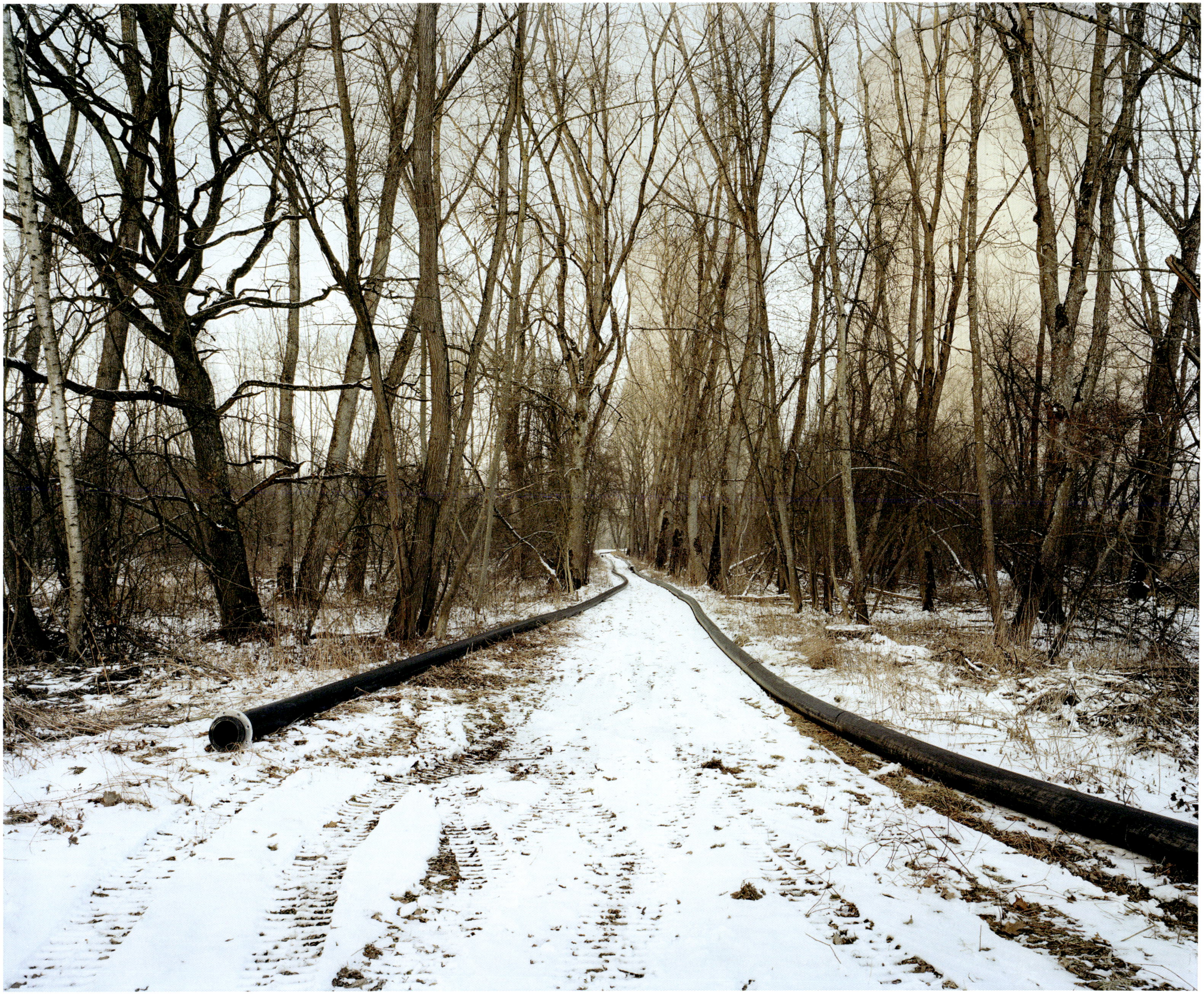

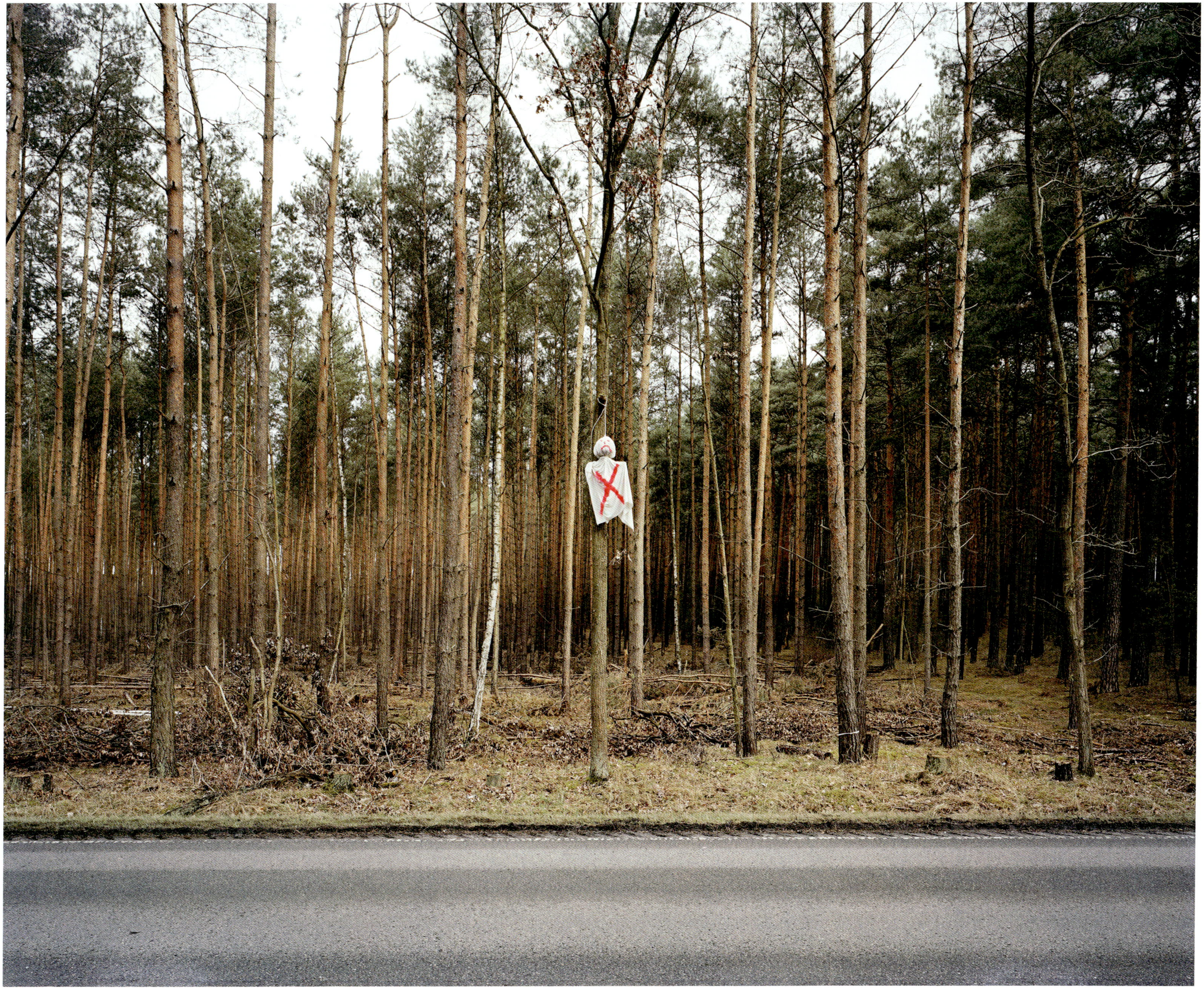

Captions | Bildlegenden | Légendes
Afterword | Nachwort | Postface
Appendix | Anhang | Annexes

Captions | Bildlegenden | Légendes

Afterword | Nachwort | Postface

ULRICH POHLMANN

Afterword ULRICH POHLMANN

Over the past decade, landscape has once again become a subject for contemporary photography. More specifically, the confrontation between real landscapes and fictitious ones has played a significant role in the works of such photographers as Andreas Gursky, Margherita Spiluttini, and Michael Reisch.

Unlike those who artificially create landscapes and edit them by computer, Jürgen Nefzger trusts the documentary force of photography. For fifteen years, this artist, born in Fürth, Germany, has been exploring the changes wrought by civilization on the natural and urban landscapes of France, his adopted country since 1990. As a critical observer of our time, he looks at a world shaped by economic forces and leisure activities. His work has been developed in series spanning long periods of time. Several of those series were released as books by French and German publishers, including *Hexagone,* whose two volumes, *The Manufactured Landscape* and *The Landscape Consumed,* take a critical look at modern urban living spaces. Jürgen Nefzger's work focuses on the fringes of urban centers and draws from the New Topographic Movement, especially from works by photographers such as Lewis Baltz and Robert Adams, with whom he also shares environmental concerns. In 2007, in response to an invitation from Dunkerque's museums as part of the city's contemporary culture biennial, Nefzger captured the coast on the edge of the city from his own perspective. The recently published book *Nocturnes* features photographs of the city of Clermont-Ferrand in which not a soul is to be seen. The nighttime shots, taken all around the city with a view camera, seem to encircle it. They are strangely beautiful, basking in surreal light and calling to mind crime scenes.

To shoot the Fluffy Clouds series, from 2003 to 2006, Nefzger traveled to nuclear power stations in France, Great Britain, Switzerland, Germany, Belgium, and Spain at various times of the year and photographed them. The nuclear reactors are nested in the landscape and, in a terrifying way, appear to be inoffensive fragments of nature. People enjoy leisure activities in their immediate surroundings without a second thought: they play golf or tennis, fish in neighboring ponds, swim in the sea or grow vegetables in communal gardens and fields, all within sight of the nuclear power stations. The order of the pictures follows a seasonal pattern rather than a geographical one. The series unfolds from spring to winter, with the season's weather conditions naturally determining the leisure activities. Many of the pictures convey the beauty of nature, wherein the nuclear stations themselves become "scenic," as in the picture of Beznau in Switzerland. They also show how people are growing oblivious to the inherent threat linked to nuclear energy facilities. French critic Christophe Catsaros summed this up strikingly as follows: "Fluffy Clouds approaches the inability of a species—ours—to sense the danger that is threatening it."[1] The redevelopment of former nuclear stations, such as Kalkar, as theme parks integrates them into leisure areas without most visitors noticing.

Landscapes always reflect the state of society. A book recently published by David Blackbourn shows how much the landscape can become a metaphor or even an image of reality.[2] In his book, Blackbourn uses the example of the Polish-Ukrainian-Belarussian Pripet marshes, which played an important role in the Nazis' colonial policy, to demonstrate the extent to which landscapes are politically and socially coded.

The gap between natural and cultural landscapes has been widening in recent years. While we live in nature and use its resources, we focus on industrializing the landscape and making it profitable. While some believe in the "beneficial" character of a manageable technology attuned to nature, others remain critical of the idea of rationality- and finality-driven progress.

More precisely, the Fluffy Clouds series is a mixture of genres between landscape and industrial photography. In his still-exemplary studies of industrial photography, the Cologne-based photographer and media theoretician Reinhard Matz pointed out that we cannot "avoid the question of what is really to be seen of industry in all those photographs, or what generally can be shown of it; what the relationship is between those images and their subject, and how and under which conditions that relationship may change."[3] In one of his rare comments on photography, Bertolt Brecht expressed reservations as to the capacities of industrial photography: "A photograph of the Krupp AEG factories hardly tells us anything about those organizations. The true reality has slipped into the function. The reification of human relations, as well as the factory, fail to account for them."[4]

The reification of human relations and the exposure of the relations between industry and society stand as the biggest challenges facing photography, itself a creation of the industrial age. The example of Fluffy Clouds—the steam emitted by cooling towers—allows for a digression into the history of industrial photography. For a long time, whenever smoking chimneys appeared in the composition of a photograph, they were there solely to symbolize productivity. This is true of the first photographs of factories ordered by corporations, and also of the rare artistic representations produced around 1900, in which skies black with smoke cover the horizon. There was little change over the following decades. With the growing environmental consciousness of noxious emissions from industrial parks, the black smoke trail slowly turned into a white cloud, which conveys a more picturesque image of industrial activity. Finally, since 1970, "virtually only clean chimneys" have appeared in industrial photographs.[5] The real threat has slipped into the invisible. The discussion of environmental issues seems to have had an effect, at least on the surface.

The title of Nefzger's series, Fluffy Clouds, can also be associated with a meteorological concept. Weather science is in fact closely linked to the photography of clouds, making it possible to classify a fugacious, immaterial pattern. Because of those very characteristics, clouds have posed a constant challenge to photographers—from Gustave Le Gray to Alfred Stieglitz—since the invention of photography. During the Romantic period, clouds were a major theme in art; they embodied the sublime and spiritual aspect of natural forms.[6]

Jürgen Nefzger is undoubtedly conscious of those artistic traditions. His landscape compositions draw from early Dutch painting and late Romanticism, if only in the link between figures and the landscape. Yet his photographs do not portray humanity as subjected to the ever-dominating power of nature. He does not use his experience of nature to attain a superior, godly power, or to call on a Romantic ideal of heroic unity between humanity and (the forces of) nature through subtle metaphorical images.

The announcement of an imminent catastrophe is hiding in all of Jürgen Nefzger's beautiful landscapes. They not only carry the traces of human intervention on nature, but show how much we have accommodated those deformations and how we accept most of them, even though recent dysfunctions in nuclear power stations have triggered a temporary crisis and heated debates. For a long time, we have been in an advanced stage of assimilation of nature, and now we have entered a time of profound alienation of nature—a trend that will not be easily reversed. Jürgen Nefzger's images seem to comment on that evolution in a humorous, ironic way, and as such, they differ from those that begin with foregone conclusions and tell the usual horror stories. Jürgen Nefzger has certainly taken a political stance in his work. Yet the political and social significance grows directly out of the aesthetic contemplation of landscapes. These are never overcharged with symbols, and they are capable of sharpening our perception and awareness to lasting effect, through a subtle capturing of reality.

Notes:

1 Christophe Catsaros, "Le paysage projeté," in *Jürgen Nefzger: Dunkerque* (Paris, 2007), p. 16.
2 David Blackbourn, *Die Eroberung der Natur. Eine Geschichte der deutschen Landschaft* (Munich, 2008).
3 Reinhard Matz, *Industriefotografie. Aus Firmenarchiven des Ruhrgebiets*, vol. 2 of the Schriftenreihe der Kulturstiftung Ruhr (Essen, 1987), p. 12.
4 Bertolt Brecht, *Gesammelte Werke*, vol. 18: *Über Film* (1922–33), quoted from Matz 1987 (see note 3), p. 12.
5 Matz 1987 (see note 3), p. 24.
6 Ulrich Pohlmann, "Wolken und Wellen," in *Eine neue Kunst? Eine andere Natur! Fotografie und Malerei im 19. Jahrhundert*, eds. Ulrich Pohlmann, Johann Georg von Hohenzollern (Munich, 2004), pp. 172–173.

Ulrich Pohlmann, PhD, born in 1956 in Schönberg/Holstein, has directed the Photography Museum at Stadtmuseum München (Munich Municipal Museum) since 1991. His many publications include monographs on Wilhelm von Gloeden (1987), Giorgio Sommer (1992), Frank Eugene (1995), Josef Breitenbach (1996), Herbert List (2000), Samuel Bourne (2001), Stefan Moses (2002), Philipp Kester (2003), Jürgen Teller (2004), Regina Relang (2004), and Thomas Höpker (2005); as well as such theoretical publications as *Eine neue Kunst? Eine andere Natur! Fotografie und Malerei im 19. Jahrhundert* (2004) and *Voir l'Italie et mourir: Photographie et peinture dans l'Italie du XIXe siècle* (2009).

Nachwort ULRICH POHLMANN

Die Landschaft ist im vergangenen Jahrzehnt wieder ein zentrales Thema in der zeitgenössischen Fotografie geworden. Insbesondere das Spannungsfeld zwischen real vorgefundenen und fiktiven Landschaftsräumen spielt eine wichtige Rolle, wie beispielsweise die Arbeiten von Andreas Gursky, Margherita Spiluttini oder Michael Reisch zeigen.

Im Unterschied zu den künstlichen Landschaftskonstruktionen, die häufig digital nachgearbeitet worden sind, vertraut Jürgen Nefzger jedoch auf die dokumentarische Kraft der Fotografie. Der in Fürth geborene Künstler untersucht seit mehr als fünfzehn Jahren die zivilisatorischen Veränderungen der Stadt- und Naturlandschaft in seiner französischen Wahlheimat, wo er seit 1990 lebt. Als kritischer Beobachter unserer Zeit richtet er seinen Blick auf eine von Ökonomie und Freizeitkultur geprägte Welt. Er arbeitet stets in Serien, die über längere Zeiträume hinweg entstehen. Mehrere seiner Serien liegen in Buchform bei französischen und deutschen Verlagen vor, wie die zweibändige Publikation *Hexagone,* die sich in den Rubriken »Fabrizierte Landschaft« und »Konsumierte Landschaft« mit den modernen urbanen Lebensräumen auseinandersetzt. Aufgrund dieser Beschäftigung mit den Rändern städtischer Ballungsräume steht Jürgen Nefzger inhaltlich in der Tradition des New Topographic Movement und insbesondere Fotografen wie Lewis Baltz oder Robert Adams nahe, mit dem ihn auch ein vergleichbares ökologisches Bewusstsein verbindet. Im Rahmen der *Dunkerque l'Européenne. Biennale de culture contemporaine,* der Biennale für zeitgenössische Kunst und Kultur in Dünkirchen, hat Nefzger auf Einladung der Museen im Jahre 2007 die Küstenregion der Stadt aus seiner Perspektive festgehalten. Vor Kurzem erschien die Publikation *Nocturnes* mit Aufnahmen der menschenleeren Stadt Clermont-Ferrand, die der Fotograf während der Nachtstunden mit der Großbildkamera um- beziehungsweise einkreiste. Es sind Bilder von einer eigentümlichen, irrealen Schönheit, die – in surreales Licht getaucht – an Tatorte erinnern.

Für den Zyklus *Fluffy Clouds,* der zwischen 2003 und 2006 entstand, hat Jürgen Nefzger Atomkraftwerke in Frankreich, Großbritannien, Deutschland, Belgien, Spanien und in der Schweiz zu unterschiedlichen Jahreszeiten aufgesucht und fotografiert. Eingebettet in die Landschaft wirken die Nuklearreaktoren wie ein erschreckend harmloser Teil der Natur. In ihrer unmittelbaren Umgebung gehen die Menschen sorg- und arglos ihren Freizeitbeschäftigungen nach: Sie spielen Golf oder Tennis, angeln in den nahe gelegenen Teichen und Flüssen, schwimmen im Meer, bauen Gemüse in Kleingärten und auf Feldern an – alles in unmittelbarer Sichtweite der Atommeiler. Die Abfolge der Bilder von *Fluffy Clouds* folgt keiner topografischen Zuordnung der Kraftwerke nach Ländern. Vielmehr wird die Serie nach dem Zyklus der Jahreszeiten, von Frühling bis Winter, sortiert präsentiert, was wetterbedingt natürlich auch das Freizeitverhalten der Menschen prägt. Viele Aufnahmen geben eine klischeehaft schöne Natur wieder, in denen die Atomkraftwerke selber zum »scenic point« werden, wie die Ansicht von Beznau in der Schweiz demonstriert. Die latente Bedrohung, die von den Anlagen atomarer Energieerzeugung ausgeht, wird von den Menschen nicht mehr wahrgenommen. »*Fluffy Clouds*«, so resümiert der französische Kritiker Christophe Catsaros treffend, »befasst sich mit der Blindheit unserer Spezies und unserer Unfähigkeit, eine uns drohende Gefahr zu erkennen.«[1] Als Bestandteil der Freizeitkultur werden ehemalige Atommeiler, wie in Kalkar geschehen, sogar zu Vergnügungsparks umgerüstet, ohne dass vielen Besuchern bewusst ist, in welcher Umgebung sie sich überhaupt befinden.

Landschaften verweisen immer auf den Zustand einer Gesellschaft. Wie sehr die Landschaft zur Metapher oder zum Abbild von real existierenden Verhältnissen gerät, veranschaulicht die jüngst erschienene Publikation von David Blackbourn.[2] Am Beispiel der polnisch-ukrainisch-weißrussischen Prypjatsümpfe, die in der nationalsozialistischen Siedlungspolitik eine wichtige Rolle spielten, macht Blackbourn deutlich, wie sehr Bilder von Landschaften politisch und sozial codiert sind.

Insbesondere in den letzten Jahrzehnten hat sich der Zwiespalt zwischen Natur- und Kulturlandschaft noch erheblich verschärft. Die Ökonomisierung und Industrialisierung der Landschaft polarisiert uns, die Bewohner und Nutzer der Naturressourcen. Während die einen an die »guten« Eigenschaften einer beherrschbaren Technik im Einklang mit der Natur glauben, stehen die anderen einem von Zweckrationalität beherrschten Fortschrittsdenken kritisch gegenüber.

Genau genommen handelt es sich bei der Serie *Fluffy Clouds* um ein Zwitterwesen aus den Genres Landschafts- und Industriefotografie. In seiner bis heute beispielhaften Untersuchung zur Industriefotografie hat der Kölner Fotograf und Medientheoretiker Reinhard Matz darauf hingewiesen, dass man nicht »an der Frage vorbeikommen [wird], was von der Industrie in all ihren Fotografien eigentlich sichtbar wird oder überhaupt sichtbar werden kann, welches Verhältnis zwischen den Bildern und ihrem Gegenstand besteht, wie und unter welchen Bedingungen sich dieses Verhältnis möglicherweise verändert«.[3] Bertolt Brecht hat in einer seiner seltenen Äußerungen über die Fotografie das Potenzial der Industriefotografie kritisch kommentiert: »Eine Photographie der Kruppwerke oder der AEG ergibt beinahe nichts über diese Institute. Die eigentliche Realität ist in die Funktionale gerutscht.

Die Verdinglichung der menschlichen Beziehungen, also etwa die Fabrik, gibt die letzteren nicht mehr heraus.«[4]

Diese Verdinglichung der menschlichen Beziehungen und die Sichtbarmachung der Zusammenhänge von Industrie und Gesellschaft bleiben folglich eine der großen Herausforderungen, der sich die Fotografie, die selbst eine Schöpfung des industriellen Zeitalters repräsentiert, zu stellen hat. Es lohnt sich, am Beispiel der *Fluffy Clouds,* die als Dampf von den Kühltürmen ausgestoßen werden, einen kurzen Streifzug in die Vergangenheit der Industriefotografie zu unternehmen. Als kompositorisches Element waren rauchende Schornsteine in der Fotografie ein eindeutiges Symbol für wirtschaftliche Produktivität. Das gilt nicht nur für die ersten im Auftrag der Unternehmen entstandenen fotografischen Ansichten der Industriebetriebe, sondern auch für die seltenen künstlerischen Darstellungen um 1900, in denen dunkle, rauchgeschwärzte Himmel den Horizont beherrschen. Daran änderte sich auch in den folgenden Jahrzehnten wenig. Mit wachsendem ökologischem Bewusstsein für die Folgen des Schadstoffausstoßes durch die Industrieanlagen verwandelte sich allerdings die schwarze Rauchfahne allmählich in eine weiße, die insgesamt ein beschaulicheres Bild der industriellen Aktivität vermittelte. Schließlich gibt es seit 1970 »praktisch nur noch saubere Schornsteine« in den Industrieaufnahmen.[5] Die eigentliche Bedrohung ist ins Unsichtbare gerutscht, die Diskussion ökologischer Fragen scheint – jedenfalls oberflächlich – Wirkung zu zeigen.

Der Titel von Jürgen Nefzgers Zyklus *Fluffy Clouds,* auf deutsch »flaumige, federweiche Wolken«, lässt uns außerdem einen Begriff aus der Wetterkunde assoziieren. Tatsächlich ist die Wissenschaft der Meteorologie eng mit der Fotografie von Wolken verbunden. Sie hilft bei der Klassifikation eines immateriellen, flüchtigen Motivs, und wegen dieser Eigenschaften ist die Wolke in der Fotografie seit deren Erfindung eine ständige Herausforderung für Fotografen von Gustave Le Gray bis Alfred Stieglitz gewesen. Die Wolke ist ein Topos aus der Kunst der Romantik, in dem das Sublime, das Geistige der Naturform beschworen wird.[6]

Jürgen Nefzger ist sich dieser bildnerischen Traditionen durchaus bewusst. Seine Landschaften leben im kompositorischen Aufbau von der Rhetorik der altniederländischen oder spätromantischen Landschaftsmalerei, denkt man beispielsweise an das Verhältnis von Figur zur Landschaft. Doch ist in seinen Fotografien der Mensch nicht länger eine der Allmacht der Natur ausgelieferte Kreatur, die im Naturerlebnis einer höheren Macht, dem Göttlichen, nachspürt oder das romantische Ideal einer heroischen Einheit von Mensch und Natur(kräften) in subtilen Bildmetaphern beschwört.

Die Landschaften von Jürgen Nefzger bergen ein stets lauerndes Menetekel. In die wunderschönen Landschaftsdarstellungen haben sich nicht nur die Eingriffe der Natur durch den Menschen eingeschrieben. Seine Bilder zeigen zudem, wie sehr wir uns heute mit diesen zivilisatorischen Verformungen arrangiert und weitgehend abgefunden haben, auch wenn aktuelle Störfälle in Atomkraftwerken kurzfristig für Krisenstimmung sorgen und kontroverse Debatten auslösen. Wir befinden uns längst im fortgeschrittenen Stadium der Assimilation und sind in ein Stadium der tief greifenden Entfremdung von der Natur eingetreten, die nur noch schwer rückgängig zu machen sein wird. Jürgen Nefzgers Bilder scheinen diese Entwicklung voller Ironie und Witz zu kommentieren. Darin unterscheiden sie sich von den üblichen Angstszenarios, in denen eine absichtsvolle Anklage beschworen wird. Mit seinen Arbeiten gelingt Jürgen Nefzger zweifelsohne ein politisches Statement. Doch entwickelt sich der politische und gesellschaftliche Sinn unmittelbar aus der ästhetischen Anschauung seiner Landschaftsbilder, die nie symbolisch überfrachtet sind, sondern dank ihrer subtilen Erfassung des Realen unsere Wahrnehmung und unser Bewusstsein nachhaltig zu schärfen wissen.

Anmerkungen:

1 Christophe Catsaros, »Le paysage projeté«, in: Jürgen Nefzger, *Dunkerque,* Paris 2007, S. 16.
2 David Blackbourn, *Die Eroberung der Natur. Eine Geschichte der deutschen Landschaft,* München 2008.
3 Reinhard Matz, *Industriefotografie. Aus Firmenarchiven des Ruhrgebiets (Schriftenreihe der Kulturstiftung Ruhr,* 2), Essen 1987, S. 12.
4 Bertolt Brecht, *Gesammelte Werke,* Band 18: *Schriften zur Literatur und Kunst 1,* Frankfurt am Main 1968, zit. nach Matz 1987 (wie Anm. 3), S. 12.
5 Matz 1987 (wie Anm. 3), S. 24.
6 Ulrich Pohlmann, »Wolken und Wellen«, in: *Eine neue Kunst? Eine andere Natur! Fotografie und Malerei im 19. Jahrhundert,* hrsg. von Ulrich Pohlmann und Johann Georg Prinz von Hohenzollern, München 2004, S. 172–173.

Ulrich Pohlmann, Dr. phil., geboren 1956 in Schönberg / Holstein, leitet seit 1991 das Fotomuseum im Münchner Stadtmuseum. Zu seinen zahlreichen Veröffentlichungen zur Kulturgeschichte der Fotografie und zur zeitgenössischen Fotografie gehören Monografien über Wilhelm von Gloeden (1987), Giorgio Sommer (1992), Frank Eugene (1995), Josef Breitenbach (1996), Alois Löcherer (1998), Herbert List (2000), Samuel Bourne (2001), Stefan Moses (2002), Philipp Kester (2003), Jürgen Teller (2004), Regina Relang (2004) und Thomas Höpker (2005) sowie theoretische Publikationen wie *Eine neue Kunst? Eine andere Natur! Fotografie und Malerei im 19. Jahrhundert* (2004) und *Voir l'Italie et mourir. Photographie et peinture dans l'Italie du XIXe siècle* (2009).

Postface ULRICH POHLMANN

Au cours des dix dernières années, le paysage est à nouveau devenu un sujet pour la photographie contemporaine. Plus particulièrement, la confrontation entre paysages réels, découverts, et espaces fictifs joue un rôle important dans les œuvres d'Andreas Gursky, de Margherita Spiluttini ou Michael Reisch.

À la différence des constructions artificielles de paysages, très souvent retravaillées à l'ordinateur, Jürgen Nefzger se fie à la force documentaire de la photographie. Depuis plus de quinze ans, cet artiste, né à Fürth en Allemagne, explore les changements qu'opère la civilisation sur les paysages citadins et naturels en France, son pays d'adoption où il séjourne depuis 1990. Tel un observateur critique de notre époque, il porte son regard sur un monde formé par l'économie et les activités de loisirs. Son travail se développe en séries qui se déploient sur de longues périodes. Plusieurs de ces séries sont éditées sous forme de livres chez des éditeurs français et allemands, comme la publication intitulée *Hexagone* dont les deux tomes, portant les titres respectifs *Paysage fabriqué* et *Paysage consommé,* sont dédiés aux espaces de vie urbaine modernes. Préoccupé par les franges des espaces de concentration urbaine, le travail de Jürgen Nefzger s'apparente à la tradition de la New Topography et plus particulièrement aux œuvres de photographes comme Lewis Baltz ou Robert Adams, avec lequel il partage également une conscience écologique. En 2007, dans le cadre de la biennale de la culture contemporaine à Dunkerque, à l'invitation des musées locaux, Nefzger a documenté le littoral aux abords de la ville selon son propre point de vue. Le livre intitulé *Nocturnes,* édité récemment, présente lui des photographies de la ville de Clermont-Ferrand sans qu'apparaisse âme qui vive, prises de vue nocturnes réalisées à la chambre, des images saisies tout autour de la ville, comme par encerclement. Ce sont des images d'une étrange et irréelle beauté, baignant dans une lumière surréelle et évoquant les lieux d'un crime.

Pour le cycle *Fluffy Clouds,* réalisé entre 2003 et 2006, Jürgen Nefzger est allé visiter des centrales nucléaires en France, Grande-Bretagne, Suisse, Allemagne, Belgique et en Espagne à différents moments de l'année et les a prises en photo. Lovés dans le paysage, ces réacteurs nucléaires ressemblent de manière terrifiante à un fragment inoffensif de la nature. Dans leur environnement immédiat, les gens s'adonnent sans souci ou arrière-pensée à leurs loisirs : ils jouent au golf ou au tennis, pratiquent la pêche à la ligne dans les fleuves et étangs voisins, nagent dans la mer, cultivent des légumes dans des jardins ouvriers et dans des champs, le tout à proximité de vue immédiate des centrales nucléaires. La succession des images ne constitue pas un classement topographique des centrales nucléaires par pays. L'ordre de la série repose plutôt sur le fil des saisons, du printemps à l'hiver, qui, en fonction des conditions météorologiques, déterminent naturellement les activités de loisirs des hommes. De nombreuses prises de vue rendent la beauté de la nature, tel un cliché où les centrales nucléaires elles-mêmes se transforment en « scenic point », comme le montre la vue de Beznau en Suisse. Les gens ne s'aperçoivent plus de la menace inhérente émanant des installations de production d'énergie nucléaire. « *Fluffy Clouds* traite de l'aveuglement d'une espèce (la nôtre) incapable de pressentir le danger qui la menace » comme le résume de manière frappante le critique français Christophe Catsaros[1]. Le réaménagement d'anciennes centrales nucléaires en parcs d'attractions, comme c'est arrivé à Kalkar, en fait une partie intégrante des sites de loisirs sans que la plupart des visiteurs ne soient conscients dans quel environnement ils se trouvent réellement.

Le paysage fait toujours référence à l'état de la société. Un livre tout récemment publié par David Blackbourn montre dans quelle mesure le paysage devient métaphore ou image même de la réalité[2]. En prenant l'exemple des marais russo polonais de Pribjet qui jouaient un rôle important dans la politique colonialiste des national-socialistes, Blackbourn démontre à quel point les paysages sont politiquement et socialement codés.

L'écart entre paysage naturel et culturel s'est considérablement creusé, plus particulièrement encore pendant les dernières décennies. Nous qui habitons dans la nature et utilisons ses ressources, sommes polarisés par la rentabilisation et l'industrialisation du paysage. Pendant que les uns croient dans les caractéristiques « bénéfiques » d'une technologie gérable et en phase avec la nature, les autres restent critiques face à l'idée de progrès gouverné par la rationalité et la finalité.

La série *Fluffy Clouds* est plus précisément un mélange de genres de la photographie de paysage et de la photographie industrielle. Reinhard Matz, photographe et théoricien des médias de Cologne, a souligné, dans ses études sur la photographie industrielle, exemplaires à ce jour, que nous ne pouvons pas « éviter de poser la question de savoir ce qui se donne à voir réellement de l'industrie dans toutes ces photographies ou ce qui peut globalement en être rendu visible, quelle relation existe entre les images et leur sujet, comment et sous quelles conditions cette relation est-elle susceptible de changer »[3]. Dans un de ses rares commentaires sur la photographie, Bertolt Brecht émet une certaine réserve quant à la capacité de la photographie industrielle : « Une photographie des usines de Krupp ou d'AEG ne dit pratiquement rien sur ces institutions. La véritable réalité a glissé dans la fonction. La réification des relations humaines, comme l'usine, ne rend plus ces dernières »[4].

La réification des relations humaines et la démonstration des relations entre l'industrie et la société reste ainsi le grand défi que la photographie, elle-même une création de l'âge industriel, doit affronter. L'exemple des *Fluffy Clouds,* buée émise par les tours de refroidissement, permet un détour par le passé de la photographie industrielle. Les cheminées fumantes étaient, au moment de leur apparition dans la composition d'une photographie, un symbole univoque de la productivité. Ceci vaut non seulement pour les premières vues photographiques des usines, commanditées par les entreprises, mais aussi pour les rares représentations artistiques réalisées autour de 1900, dans lesquelles un ciel noir de fumée domine l'horizon. Il y a eu peu de changement dans les années suivantes. Avec la conscience écologique grandissante des suites de l'émission de produits nuisibles par les parcs industriels, la traînée de fumée noire se transforma lentement en un nuage blanc qui véhicule dans l'ensemble une image plus pittoresque de l'activité industrielle. Finalement, à partir de 1970, il n'y a « pratiquement plus que des cheminées propres » dans les photographies industrielles[5]. La menace réelle a glissé dans l'invisible, la discussion des questions écologiques semble produire de l'effet, en tout cas au moins en surface.

Le titre du cycle de Jürgen Nefzger, *Fluffy Clouds,* en français : *nuages doux, duveteux* permet de plus l'association avec une notion météorologique. Cette science est en fait étroitement liée à la photographie des nuages. La photographie permet ici de classifier un motif immatériel et fugace étant, à cause de ces caractéristiques, depuis son invention, un défi permanent pour les photographes, de Gustave Le Gray à Alfred Stieglitz. À l'époque romantique, le nuage est un grand thème dans l'art où il incarne l'aspect sublime et spirituel de la forme naturelle[6].

Jürgen Nefzger est certainement conscient de ces traditions artistiques. Ses paysages s'inspirent dans leur composition de la peinture hollandaise et du romantisme tardif, ne serait-ce que par la relation entre la figure et le paysage. Mais dans ses photographies, l'homme n'apparaît plus comme une créature assujettie à la force toujours dominante de la nature. Il ne recherche plus, à travers l'expérience de la nature un pouvoir supérieur, divin, et n'évoque plus l'idéal romantique d'une unité héroïque entre l'homme et (les forces de) la nature en de subtiles images métaphoriques.

Dans tous les paysages de Jürgen Nefzger se cache l'annonce d'une catastrophe imminente. Les très beaux paysages ne portent pas seulement les traces des interventions humaines dans la nature. Les images de Jürgen Nefzger montrent en plus à quel point nous nous sommes arrangés aujourd'hui de ces déformations et comment nous les acceptons pour la plupart, même si les dysfonctionnements récents dans les centrales nucléaires ont déclenché momentanément une ambiance de crise et un débat virulent. Nous sommes depuis longtemps entrés dans un stade avancé d'assimilation et d'aliénation profonde de la nature, une tendance qui sera difficile à renverser. Les images de Jürgen Nefzger semblent commenter cette évolution avec humour et ironie. En cela elles se distinguent de celles issues des scénarios d'horreur habituels et traduisant une accusation préméditée. Sans doute Jürgen Nefzger réussit à s'engager dans une position politique avec ses œuvres. Cependant, la signification politique et sociale se développe directement à partir de la contemplation esthétique des paysages qui ne sont jamais surchargés de symboles et savent aiguiser notre perception et notre conscience de manière durable grâce à une captation subtile du réel.

Notes :

1 Christophe Catsaros, *Le paysage projeté,* in : Jürgen Nefzger, *Dunkerque,* Paris 2007, p. 16.
2 David Blackbourn, *Die Eroberung der Natur. Eine Geschichte der deutschen Landschaft,* Munich 2008.
3 Reinhard Matz, *Industriefotografie. Aus Firmenarchiven des Ruhrgebiets,* tome 2 d'une série publiée par Kulturstiftung Ruhr, Essen 1987, p. 12.
4 Bertolt Brecht, *Gesammelte Werke,* tome 18, *Über Film (1922–33),* cité d'après Matz, 1987, p. 12.
5 Matz, 1987, p. 24.
6 Ulrich Pohlmann, *Wolken und Wellen,* in : *Eine neue Kunst? Eine andere Natur! Fotografie und Malerei im 19. Jahrhundert,* éd. Ulrich Pohlmann et Johann Georg von Hohenzollern, Munich 2004, p. 172–173.

Ulrich Pohlmann, Dr. phil., né en 1956 à Schönberg / Holstein, dirige depuis 1991 le Musée de la photographie au Stadtmuseum München (Musée municipal de Munich). Parmi ses nombreuses publications sur l'histoire culturelle de la photographie et la photographie contemporaine comptent les monographies sur Wilhelm von Gloeden (1987), Giorgio Sommer (1992), Frank Eugene (1995), Josef Breitenbach (1996), Alois Löcherer (1998), Herbert List (2000), Samuel Bourne (2001), Stefan Moses (2002), Philipp Kester (2003), Jürgen Teller (2004), Regina Relang (2004) et Thomas Höpker (2005). Il a également publié *Eine neue Kunst? Eine andere Natur! Fotografie und Malerei im 19. Jahrhundert* (2004) et *Voir l'Italie et mourir : Photographie et peinture dans l'Italie du XIX*e *siècle* (2009).

Biography | Biografie | Biographie

JÜRGEN NEFZGER

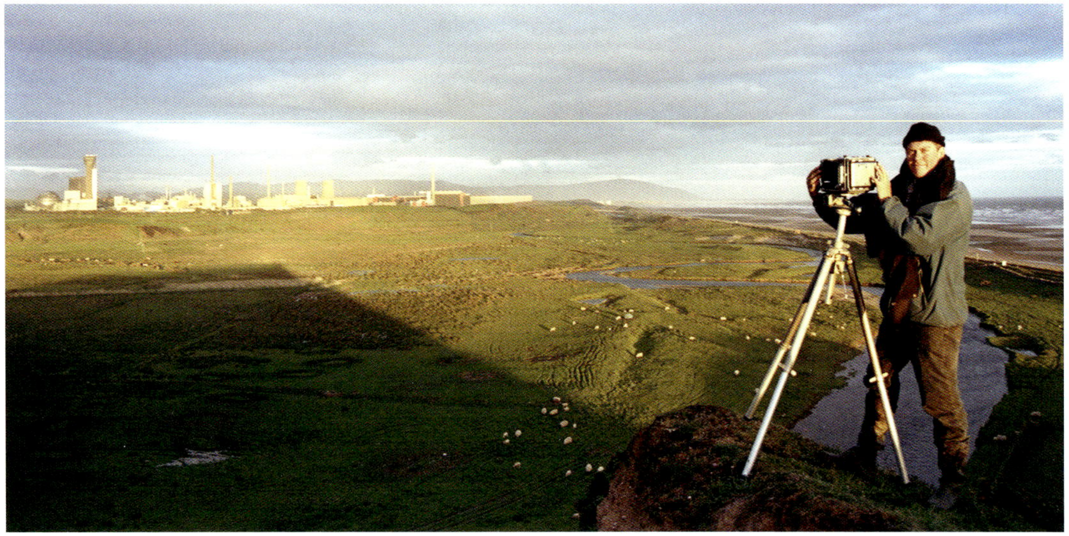

Jürgen Nefzger was born in Fürth, Germany, in 1968 and has lived in France since 1990. He graduated from the École Nationale Supérieure de la Photographie d'Arles in 1994. Today he lives and works between Paris and Nice. Since 2008 Nefzger has been a professor of photography at the École Supérieure d'Art de Clermont Communauté, Clermont-Ferrand.

For *Fluffy Clouds* Jürgen Nefzger received a *Villa Medicis Hors les Murs* grant, awarded by CulturesFrance. In 2006 the project won the Prix du public (public award) of the Prix Photo du Jeu de Paume.

In 2008 Nefzger was awarded the Prix Niépce. His work is included in several French and foreign public collections. He is represented by the Galerie Françoise Paviot in Paris.

For more information, please visit www.juergennefzger.com

Jürgen Nefzger wurde 1968 in Fürth geboren und lebt seit 1990 in Frankreich. 1994 schloss er sein Studium an der École Nationale Supérieure de la Photographie d'Arles ab und lebt und arbeitet heute in Paris und Nizza. Seit 2008 ist er Professor für Fotografie an der École Supérieure d'Art de Clermont Communauté, Clermont-Ferrand.

Für sein Projekt *Fluffy Clouds* erhielt Jürgen Nefzger das Stipendium *Villa Medicis Hors les Murs* von CulturesFrance. Die Serie wurde außerdem 2006 mit dem Prix du public, dem Publikumspreis, des Prix Photo du Jeu de Paume ausgezeichnet.

2008 wurde Nefzger der Prix Niépce für sein Gesamtwerk verliehen. Seine Arbeiten befinden sich in mehreren öffentlichen französischen und internationalen Sammlungen. Er wird von der Galerie Françoise Paviot in Paris vertreten.

Weitere Informationen unter: www.juergennefzger.com

Jürgen Nefzger est né en 1968 à Fürth en Allemagne et réside en France depuis 1990. Diplômé de l'École Nationale Supérieure de la Photographie d'Arles en 1994, il vit et travaille aujourd'hui entre Paris et Nice. Nefzger enseigne la photographie à l'École Supérieure d'Art de Clermont Communauté.

Pour son projet *Fluffy Clouds*, Jürgen Nefzger a reçu la bourse *Villa Médicis Hors les Murs* de CulturesFrance ainsi que le Prix Photo du Jeu de Paume, Prix du public, en 2006.

L'ensemble de son œuvre a été récompensé en 2008 par le Prix Niépce. En France comme à l'étranger, il est présent dans des collections publiques et privées. Son travail est représenté par la Galerie Françoise Paviot à Paris.

Pour plus d'informations : www.juergennefzger.com

Other publications | Bisherige Veröffentlichungen | Autres publications

Holzwege
Montreuil-sur-Brèche: Diaphane éditions, 2009.

Nocturnes
Ostfildern: Hatje Cantz, 2008.

Dunkerque
Paris: Archibooks + Sautereau éditeur, 2007.

Document 5
Paris: Galerie nationale du Jeu de Paume, 2007.

Hexagone 1: Le paysage fabriqué
Cunlhat: Fûdo éditions, 2006.

Hexagone 2: Le paysage consommé
Cunlhat: Fûdo éditions, 2006.

La Forteresse
Bordeaux: Éditions William Blake & Co., 1995.

Acknowledgments | Danksagung | Remerciements

I would like express my warm thanks to Michel Mallard for his unwavering efforts to promote this work from the very beginning. Michel was behind the nomination of *Fluffy Clouds* for the Jeu de Paume National Gallery prize, which gave major visibility to the project.

Many thanks to my wife, with whom I have shared my passion for this subject as well as many trips throughout Europe in our VW bus to visit nuclear power stations. These trips were facilitated by the *Villa Médicis Hors le Murs* grant awarded by CulturesFrance in 2005.

I am also very grateful to Ulrich Pohlmann for his acute appraisal of my work.

This book, which has been in the planning stages for several years, came to fruition thanks to Jean-Marc Lacabe, director of the Château d'Eau Gallery in Toulouse, during the *Jürgen Nefzger: WATCH YOUR BACK !* exhibition. Finally, I would like to offer my sincere thanks to my art dealer, Françoise Paviot, for her constant support and enthusiasm.

This book is dedicated to Johann and to his first steps in life.

Mein besonderer Dank gilt Michel Mallard für seine seit Beginn an unermüdliche Unterstützung dieses Projekts. Ich verdanke Michel ebenfalls die Nominierung von *Fluffy Clouds* für den Preis der Nationalgalerie Jeu de Paume, durch den diese Arbeit einem breiten Publikum zugänglich wurde.

Ein liebevoller Dank geht an meine Frau, die meine Begeisterung für das Projekt während unserer vielen Fahrten durch Europa im VW-Bus zu teilen wusste. Diese Reisen wurden durch das Stipendium *Villa Médicis Hors les Murs* von CulturesFrance erleichtert.

Ich fühle mich auch besonders Ulrich Pohlmann für die Prägnanz seines Essays zu großen Dank verpflichtet, der damit meine Arbeit voll umfasst.

Dieses langjährige Buchprojekt konnte dank der Hilfe von Jean-Marc Lacabe, Direktor der Galerie Château d'Eau in Toulouse, verwirklicht werden. Es erscheint anlässlich der Ausstellung *Jürgen Nefzger: WATCH YOUR BACK !*

Zum Schluss sei auch noch meine Galeristin Françoise Paviot für die Treue und den Enthusiasmus bedankt.

Dieses Buch ist Johann und seinen ersten Schritten im Leben gewidmet.

Je tiens à remercier très chaleureusement Michel Mallard pour ses efforts incessants pour promouvoir ce travail depuis le tout début. Michel est aussi à l'origine de la nomination de *Fluffy Clouds* pour le prix de la Galerie Nationale du Jeu de Paume, qui a donné une importante visibilité au projet. Je remercie également le public qui a voté massivement en faveur de *Fluffy Clouds*.

Un grand merci à ma femme, avec qui j'ai partagé ma passion sur le sujet et de nombreux voyages en Europe à bord de notre bus VW, faisant étape aux pieds des centrales nucléaires. Ces voyages ont été facilités par l'obtention de la bourse *Villa Médicis Hors les Murs* de CulturesFrance en 2005.

Je suis très reconnaissant à Ulrich Pohlmann pour la justesse de son regard porté sur mon travail.

Ce livre, en projet depuis plusieurs années, a vu le jour grâce à Jean-Marc Lacabe, directeur de la Galerie du Château d'Eau à Toulouse, à l'occasion de l'exposition *Jürgen Nefzger: WATCH YOUR BACK !*

Enfin, je remercie vivement ma galeriste Françoise Paviot pour son soutien constant et enthousiaste.

Je dédie ce livre à Johann et à ses premiers pas dans la vie.

This catalogue is published in conjunction with the exhibition
Diese Publikation erscheint anlässlich der Ausstellung
Ce livre est publié à l'occasion de l'exposition

Jürgen Nefzger: WATCH YOUR BACK !

Le Château d'Eau, Toulouse
16.12.2009 – 7.2.2010

Le Château d'Eau
pôle photographique Toulouse

Copyediting | Lektorat | Suivi éditorial:
Donna Stonecipher, Julika Zimmermann, Hatje Cantz

Translations | Übersetzungen | Traductions:
Daniela Goeller, Thomas Hubert, Mary Traynor

Graphic design | Grafische Gestaltung | Maquette:
Jutta Herden

Production | Herstellung | Production:
Stefanie Langner, Hatje Cantz

Typeface | Schrift | Caractères:
Sabon

Paper | Papier | Papier:
Galaxi Supermat, 170 g/m²

Binding | Buchbinderei | Façonnage:
Conzella Verlagsbuchbinderei, Urban Meister GmbH, Aschheim-Dornach

Reproductions and printing | Reproduktionen und Druck | Impression
et photogravure:
Dr. Cantz'sche Druckerei, Ostfildern

Published by | Erschienen im | Publié par
Hatje Cantz Verlag
Zeppelinstrasse 32
73760 Ostfildern
Germany | Deutschland | Allemagne
Tel. +49 711 4405-200
Fax +49 711 4405-220
www.hatjecantz.com

Hatje Cantz books are available internationally at selected bookstores. For
more information about our distribution partners, please visit our homepage
at www.hatjecantz.com.
Les livres publiés par Hatje Cantz sont disponibles dans le monde entier dans
les bonnes librairies. Pour tous les renseignements plus généraux, visitez notre
site internet : www.hatjecantz.com

ISBN 978-3-7757-2598-9

Printed in Germany
Cover illustration | Umschlagabbildung | Illustration de couverture
Grafenrheinfeld, Deutschland, 2005 (P. / S. / p. 103)

Illustration p. 136 | Abbildung S. 136 | Illustration p. 136
Mathilde Roman, 2005